이번 학기 공부 습관을 만드는 첫 연산 책!

바빠 교과서 연산

1-2

"우리 아이가
끝까지 푼 책은
이 책이 처음이에요." — 학부모 후기 중

작은 발걸음 방식 문제 배치, **전문가의 연산 꿀팁** 가득!

이지스에듀

지은이 | **징검다리 교육연구소**

징검다리 교육연구소는 바쁜 친구들을 위한 빠른 학습법을 연구하는 이지스에듀의 공부 연구소입니다.
아이들이 기계적으로 공부하지 않도록, 두뇌가 활성화되는 과학적 학습 설계가 적용된 책을 만듭니다.
이 책을 함께 개발한 **강난영 선생님**은 영역별 연산 훈련 교재로, 연산 시장에 새바람을 일으킨 《바쁜
5·6학년을 위한 빠른 연산법》, 《바쁜 중1을 위한 빠른 중학연산》, 《바쁜 초등학생을 위한 빠른
구구단》을 기획하고 집필한 저자입니다. 또한 20년이 넘는 기간 동안 디딤돌, 한솔교육, 대교에서
초중등 콘텐츠를 연구, 기획, 개발했습니다.

바빠 교과서 연산 시리즈(개정판)

바빠 교과서 연산 1-2

(이 책은 2018년 11월에 출간한 '바쁜 1학년을 위한 빠른 교과서 연산 1-2'를 새 교육과정에 맞춰 개정했습니다.)

초판 인쇄 2024년 7월 30일
초판 2쇄 2024년 9월 20일
지은이 징검다리 교육연구소
발행인 이지연   펴낸곳 이지스퍼블리싱(주)
출판사 등록번호 제313-2010-123호   제조국명 대한민국
주소 서울시 마포구 잔다리로 109 이지스 빌딩 5층(우편번호 04003)
대표전화 02-325-1722   팩스 02-326-1723
이지스퍼블리싱 홈페이지 www.easyspub.com   이지스에듀 카페 www.easysedu.co.kr
바빠 아지트 블로그 blog.naver.com/easyspub 인스타그램 @easys_edu
페이스북 www.facebook.com/easyspub2014   이메일 service@easyspub.co.kr

본부장 조은미   기획 및 책임 편집 김현주 | 박지연, 정지연, 이지혜   표지 및 내지 디자인 손한나
일러스트 김학수, 이츠북스   전산편집 이츠북스   인쇄 js프린팅   독자 지원 박애림, 김수경
영업 및 문의 이주동, 김요한(support@easyspub.co.kr)   마케팅 라혜주

ISBN 979-11-6303-624-1
ISBN 979-11-6303-581-7(세트)
가격 11,000원

• **이지스에듀**는 이지스퍼블리싱(주)의 교육 브랜드입니다.
  (이지스에듀는 학생들을 탈락시키지 않고 모두 목적지까지 데려가는 책을 만듭니다!)

공부 습관을 만드는 첫 번째 연산 책!
이번 학기에 필요한 연산은 이 책으로 완성!

 이번 학기 연산, 작은 발걸음 배치로 막힘없이 풀 수 있어요!

'바빠 교과서 연산'은 이번 학기에 필요한 연산만 모아 똑똑한 방식으로 훈련하는 '학교 진도 맞춤 연산 책'이에요. **실제 학교에서 배우는 방식으로 설명**하고, 작은 발걸음 방식(small-step)으로 문제가 배치되어 막힘없이 풀게 돼요. 여기에 이해를 돕고 실수를 줄여 주는 꿀팁까지! 수학 전문학원 원장님에게나 들을 수 있던 '바빠 꿀팁'과 책 곳곳에서 알려주는 빠독이의 힌트로 쉽게 이해하고 문제를 풀 수 있답니다.

 산만해지는 주의력을 잡아 주는 이 책의 똑똑한 장치들!

이 책에서는 자릿수가 중요한 연산 문제는 모눈 위에서 정확하게 계산하도록 편집했어요. **또 1학년 친구들이 자주 틀린 문제는 '앗! 실수' 코너로 한 번 더 짚어 주어 더 빠르고 완벽하게 학습**할 수 있답니다.

그리고 각 쪽마다 집중 시간이 적힌 목표 시계가 있어요. 이 시계는 속도를 독촉하기 위한 게 아니에요. 제시된 시간은 딴짓하지 않고 풀면 1학년 어린이가 충분히 풀 수 있는 시간입니다. 공부할 때 산만해지지 않도록 시간을 측정해 보세요. 집중하는 재미와 성취감을 동시에 맛보게 될 거예요.

 엄마들이 감동한 책–'우리 아이가 처음으로 끝까지 푼 문제집이에요!'

이 책은 아직 공부 습관이 잡히지 않은 친구들에게도 딱이에요! 지난 5년간 '바빠 교과서 연산'을 경험한 학부모님들의 후기를 보면, '아이가 직접 고른 문제집이에요.', '처음으로 끝까지 다 푼 책이에요!', '연산을 싫어하던 아이가 이 책은 재밌다며 또 풀고 싶대요!' 등 아이들의 공부 습관을 꽉 잡아 준 책이라는 감동적인 서평이 가득합니다.

이 책을 푼 후, 학교에 가면 **수학 교과서를 미리 푼 효과로 수업 시간에도, 단원평가에도 자신감**이 생길 거예요. 새 교육과정에 맞춘 연산 훈련으로 수학 실력이 '쑤욱' 오르는 기쁨을 만나 보세요!

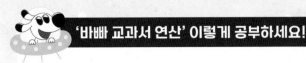
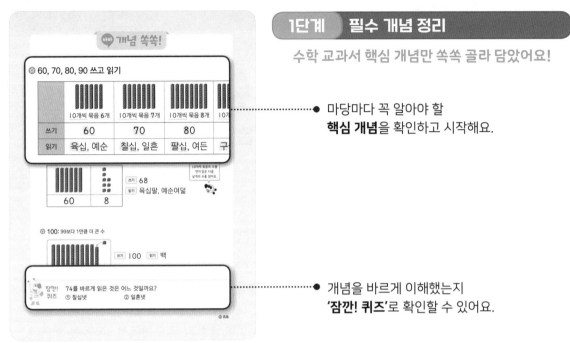

1단계 필수 개념 정리

수학 교과서 핵심 개념만 쏙쏙 골라 담았어요!

● 마당마다 꼭 알아야 할
핵심 개념을 확인하고 시작해요.

● 개념을 바르게 이해했는지
'잠깐! 퀴즈'로 확인할 수 있어요.

2단계 체계적인 연산 훈련

작은 발걸음 방식(small step)으로 차근차근 실력을 쌓아요.

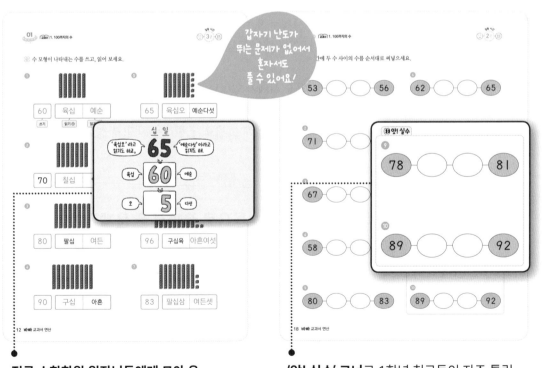

**전국 수학학원 원장님들에게 모아 온
'연산 꿀팁!'**으로 막힘없이 술술~ 풀 수 있어요.

'앗! 실수' 코너로 1학년 친구들이 자주 틀린
문제를 한 번 더 풀고 넘어가요.

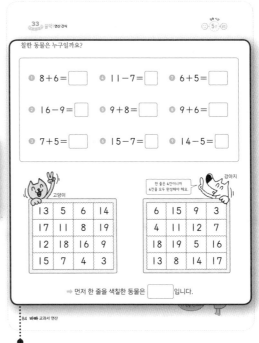

'생활 속 기초 문장제'로 서술형의 기초를 다져요.

그림 그리기, 선 잇기 등 **'재미있는 연산 활동'**으로 **수 응용력**과 **사고력**을 키워요.

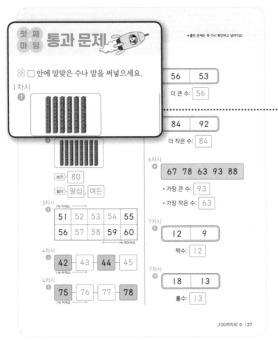

4단계 **마당별 통과 문제**

통과 문제를 풀 수 있다면 이번 마당 연산 공부 끝!

● 이번 마당 학습을 마무리해도 좋을지 **'통과 문제'**로 점검하는 시간이에요! 틀린 문제는 해당 차시를 확인한 후, 다시 풀어 보세요!

단원평가 보기 전에 다시 확인하면 더 효과적이에요~

 차례

바빠 교과서 연산 1-2

[교과서] 1. 100까지의 수

· 60, 70, 80, 90을 알아볼까요

· 99까지의 수를 알아볼까요

· 순서를 알아볼까요

· 수의 크기를 비교해 볼까요

· 짝수와 홀수를 알아볼까요

[지도 길잡이] 2학기에는 1학기에 배운 '50까지의 수'에 이어 '100까지의 수'를 배웁니다. 100까지의 수를 순서대로 쓰고 읽으며 익숙해지도록 도와주세요.

[교과서] 2. 덧셈과 뺄셈(1)

· 세 수의 덧셈을 해 볼까요

· 세 수의 뺄셈을 해 볼까요

· 10이 되는 더하기를 해 볼까요

· 10에서 빼기를 해 볼까요

· 10을 만들어 더해 볼까요

[지도 길잡이] '10이 되는 더하기'와 '10에서 빼기'는 받아올림이 있는 덧셈과 받아내림이 있는 뺄셈의 준비 학습입니다. 10이 되는 두 수를 바로 찾을 수 있어야 합니다.

[교과서] 4. 덧셈과 뺄셈(2)

· 덧셈을 알아볼까요

· 덧셈을 해 볼까요

· 뺄셈을 알아볼까요

· 뺄셈을 해 볼까요

· 여러 가지 덧셈을 해 볼까요

· 여러 가지 뺄셈을 해 볼까요

예습하는 친구는 하루 한 장 5분씩,
복습하는 친구는 하루 두 장 10분씩 공부하면 좋아요!

지도 길잡이 처음으로 받아올림이 있는 덧셈과 받아내림이 있는 뺄셈을 배웁니다. 10을 이용한 모으기와 가르기를 바탕으로 받아올림과 받아내림이 있는 계산은 충분히 반복해서 연습해야 합니다.

교과서 6. 덧셈과 뺄셈(3)
· 덧셈을 알아볼까요(1)
· 덧셈을 알아볼까요(2)
· 덧셈과 뺄셈을 해 볼까요

지도 길잡이 받아올림이 없는 두 자리 수의 덧셈은 같은 자리 수끼리 더하는 원칙만 지키면 쉽게 해결할 수 있습니다. 같은 자리 수끼리 계산하도록 반복해서 연습시켜 주세요.

교과서 6. 덧셈과 뺄셈(3)
· 뺄셈을 알아볼까요(1)
· 뺄셈을 알아볼까요(2)
· 덧셈과 뺄셈을 해 볼까요

지도 길잡이 받아내림이 없는 두 자리 수의 뺄셈은 덧셈과 마찬가지로 같은 자리 수끼리 계산하는 것이 중요합니다. 자릿수 모눈을 통해 정확하게 계산하는 훈련을 하도록 도와주세요.

오늘 공부한
단계를 색칠해
보세요!

02

01

04

03

05

첫째 마당

100까지의 수

교과서 1. 100까지의 수

06

07

08

⭐ 60, 70, 80, 90 쓰고 읽기

	10개씩 묶음 6개	10개씩 묶음 7개	10개씩 묶음 8개	10개씩 묶음 9개
쓰기	60	70	80	90
읽기	육십, 예순	칠십, 일흔	팔십, 여든	구십, 아흔

⭐ 99까지의 수 쓰고 읽기

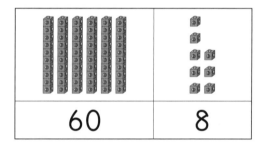

60	8

쓰기 68

읽기 육십팔, 예순여덟

10개씩 묶음의 수를
먼저 읽은 다음
낱개의 수를 읽어요.

⭐ 100: 99보다 1만큼 더 큰 수

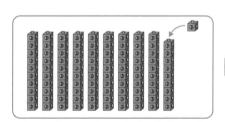

쓰기 100　　읽기 백

잠깐!
퀴즈

74를 바르게 읽은 것은 어느 것일까요?
① 칠십넷　　　　② 일흔넷

01 99까지의 수 쓰고 읽기

✂ □ 안에 알맞은 수를 써넣으세요.

①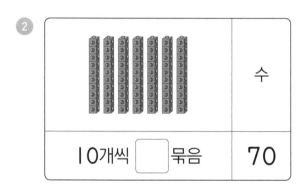

	수
10개씩 [6] 묶음	60

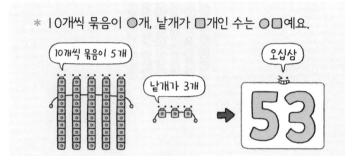

* 10개씩 묶음이 ○개, 낱개가 □개인 수는 ○□예요.

10개씩 묶음이 5개 낱개가 3개 → 오십삼 **53**

② | | 수 |
|---|---|
| 10개씩 [ ] 묶음 | 70 |

⑤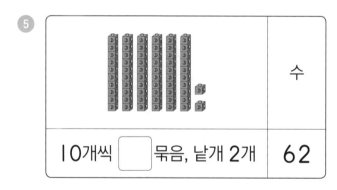

	수
10개씩 [ ] 묶음, 낱개 2개	62

③ | | 수 |
|---|---|
| 10개씩 8묶음 | [ ] |

⑥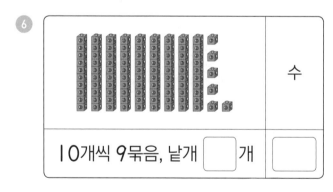

	수
10개씩 9묶음, 낱개 [ ] 개	[ ]

④ | | 수 |
|---|---|
| 10개씩 [ ] 묶음 | [ ] |

⑦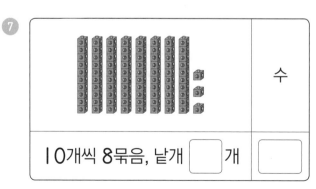

	수
10개씩 8묶음, 낱개 [ ] 개	[ ]

수 모형이 나타내는 수를 쓰고, 읽어 보세요.

①
| 60 | 육십 | 예순 |
쓰기 / 읽기 ① / 읽기 ②

⑤
| | 예순다섯 |

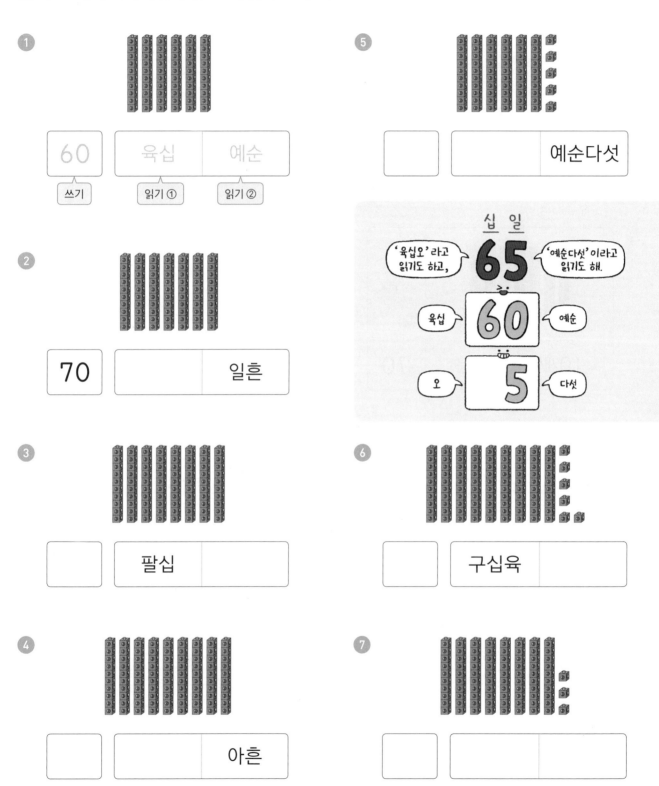

②
| 70 | 일흔 |

③
| | 팔십 | |

⑥
| | 구십육 | |

④
| | 아흔 |

⑦
| | |

02 10개씩 묶음과 낱개를 수로 나타내면?

집중 시간 3분

빈칸에 알맞은 수를 쓰고, 바르게 읽어 보세요.

❶

10개씩 묶음
8

→

80	쓰기
팔십	읽기 ①
여든	읽기 ②

❷

10개씩 묶음	낱개
6	3

→

예순셋

❸

10개씩 묶음	낱개
7	8

→

칠십팔

❹

10개씩 묶음	낱개
8	4

→

84

❺

10개씩 묶음	낱개
9	1

→

구십일

❻

10개씩 묶음	낱개
7	6

→

일흔여섯

❼

10개씩 묶음	낱개
6	9

→

69

❽

10개씩 묶음	낱개
9	7

→

97

✂ 수를 두 가지 방법으로 읽어 보세요.

①

수	61	62	63	64	65
읽기		육십이		육십사	
	예순하나		예순셋		예순다섯

②

수	75	76	77	78	79
읽기	칠십오	칠십육			칠십구
			일흔일곱	일흔여덟	

③

수	83	84	85	86	87
읽기	팔십삼			팔십육	
		여든넷	여든다섯		여든일곱

④

수	94	95	96	97	98
읽기	구십사	구십오		구십칠	
			아흔여섯		

✎ 수의 순서에 맞게 빈칸에 알맞은 수를 써넣으세요.

① ────────────────────────→ 1씩 커져요.

51	52		54	
56		58		60

1씩 작아져요. ←────────

82보다 1만큼 더 작은 수　83 바로 뒤의 수　　86과 90 사이의 수

81	82	83	84	85	86	87	88	89	90
91	92	93	94	95	96	97	98	99	100

91보다 1만큼 더 큰 수　　96 바로 앞의 수　　99보다 1만큼 더 큰 수

②

66	67		69	
	72	73		75

⑤

73			76	77
78	79			

③

81		83		85
	87	88	89	

⑥

	89	90		
93	94			97

④

71	72			75
	77	78		80

⑦

91			94	95
	97	98		

※ ☐ 안에 알맞은 수를 써넣으세요.

① 1만큼 더 작은 수 ← ⭐54 → 1만큼 더 큰 수

② 1만큼 더 작은 수 ← ⭐63 → 1만큼 더 큰 수

③ 1만큼 더 작은 수 ← ⭐75 → 1만큼 더 큰 수

④ 1만큼 더 작은 수 ← ⭐80 → 1만큼 더 큰 수

⑤ 1만큼 더 작은 수 ← ⭐88 → 1만큼 더 큰 수

⑥ 1만큼 더 작은 수 ← ⭐52 → 1만큼 더 큰 수

⑦ 1만큼 더 작은 수 ← ⭐71 → 1만큼 더 큰 수

⑧ 1만큼 더 작은 수 ← ⭐66 → 1만큼 더 큰 수

⑨ 1만큼 더 작은 수 ← ⭐97 → 1만큼 더 큰 수

앗! 실수

⑩ 1만큼 더 작은 수 ← ⭐99 → 1만큼 더 큰 수

✂ 순서에 맞게 ☐ 안에 알맞은 수를 써넣으세요.

①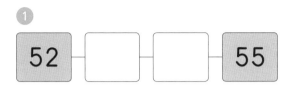

②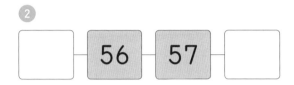

③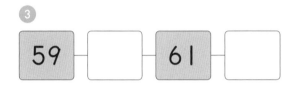

④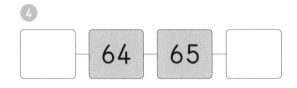

⑤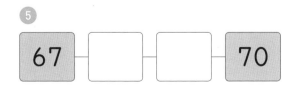

⑥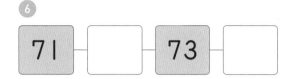

⑦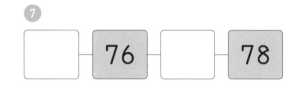

⑧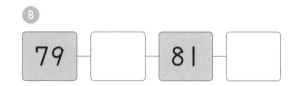

⑨

⑩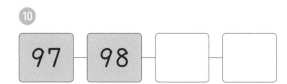

집중 시간
2분

❀ 빈칸에 두 수 사이의 수를 순서대로 써넣으세요.

①

②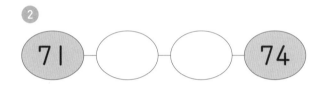

③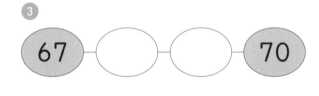

④

⑤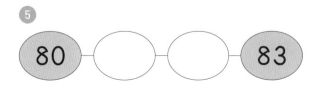

⑥

⑦

⑧

앗! 실수

⑨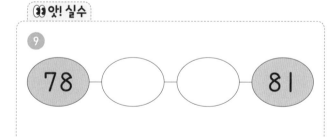

⑩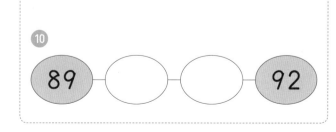

05 어떤 수가 더 클까?

✂ ☐ 안에 알맞은 수를 써넣으세요.

* 10개씩 묶음의 수가 다르면
  ─ 10개씩 묶음의 수가 클수록 큰 수예요.

62	53

➡ 더 큰 수: 62

* 10개씩 묶음의 수가 같으면
  ─ 낱개의 수가 클수록 큰 수예요.

82	83

➡ 더 작은 수: 82

1

73	85

더 큰 수: ☐

2

89	94

더 큰 수: ☐

3

81	65

더 큰 수: ☐

4

79	74

더 작은 수: ☐

5

85	86

더 작은 수: ☐

6

98	93

더 작은 수: ☐

✿ 두 수의 크기를 비교하여 알맞은 말에 ◯표 하고, ◯ 안에 >, < 중 알맞은 것을 써넣으세요.

1 54는 72보다 ((작습니다) , 큽니다).

➡ 54 < 72

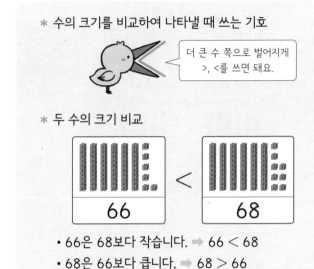

* 수의 크기를 비교하여 나타낼 때 쓰는 기호

더 큰 수 쪽으로 벌어지게 >, <를 쓰면 돼요.

* 두 수의 크기 비교

66 < 68

• 66은 68보다 작습니다. ➡ 66 < 68
• 68은 66보다 큽니다. ➡ 68 > 66

2 60은 59보다 (작습니다 , 큽니다).

➡ 60 ◯ 59

3 71은 80보다 (작습니다 , 큽니다).

➡ 71 ◯ 80

6 53은 57보다 (작습니다 , 큽니다).

➡ 53 ◯ 57

4 87은 86보다 (작습니다 , 큽니다).

➡ 87 ◯ 86

7 76은 67보다 (작습니다 , 큽니다).

➡ 76 ◯ 67

5 68은 83보다 (작습니다 , 큽니다).

➡ 68 ◯ 83

8 95는 93보다 (작습니다 , 큽니다).

➡ 95 ◯ 93

06 # 가장 큰 수와 가장 작은 수를 찾아라!

✿ 가장 큰 수에 ◯표, 가장 작은 수에 △표 하세요.

6, 5, 7 중 가장 큰 수: 7

1 62 △56 ◯70

세 수를 비교할 때도
10개씩 묶음의 수부터 비교해요.

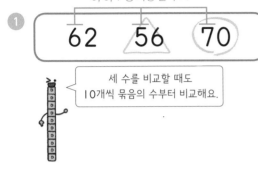

2 81 66 71

6 59 54 80

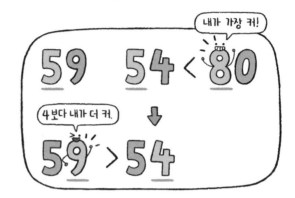

내가 가장 커!

59 54 < 80

4보다 내가 더 커.

59 > 54

3 73 85 94

7 73 91 78

4 68 64 76

8 67 69 62

5 84 62 65

9 82 85 87

✂ 세 수의 크기를 비교하여 ☐ 안에 작은 수부터 차례대로 써넣으세요.

①

| 51 | 81 | 71 |

➡ 가장 작은 수 ☐ , ☐ , 가장 큰 수 ☐

⑤

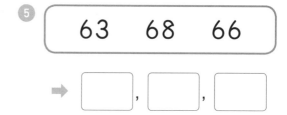

| 63 | 68 | 66 |

➡ ☐ , ☐ , ☐

②

| 55 | 49 | 78 |

➡ ☐ , ☐ , ☐

⑥

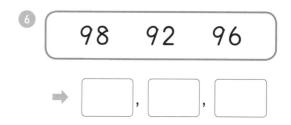

| 98 | 92 | 96 |

➡ ☐ , ☐ , ☐

③

| 71 | 90 | 82 |

➡ ☐ , ☐ , ☐

⑦

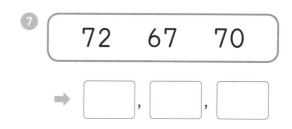

| 72 | 67 | 70 |

➡ ☐ , ☐ , ☐

④

| 54 | 57 | 52 |

➡ ☐ , ☐ , ☐

⑧

| 85 | 69 | 78 |

➡ ☐ , ☐ , ☐

✂ 수를 세어 쓰고, 짝수인지 홀수인지 ◯표 하세요.

둘씩 짝 지어 묶으면 짝수인지
홀수인지 쉽게 알 수 있어요!

| 1 | 2 | 3 | 4 | 5 | 6 | 7 | 8 | 9 | 10 |
| 11 | 12 | 13 | 14 | 15 | 16 | 17 | 18 | 19 | 20 |

- 짝수: 2, 4, 6, 8과 같이 둘씩 짝을 지을 수 있는 수
  ➡ 2씩 묶으면 남는 게 없어요!
- 홀수: 1, 3, 5, 7과 같이 둘씩 짝을 지을 수 없는 수
  ➡ 2씩 묶으면 1개씩 남아요.

1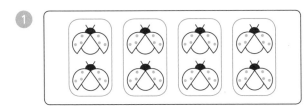

8 마리, ((짝수) , 홀수)

2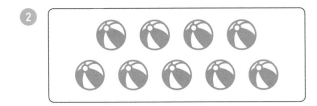

☐ 개, (짝수 , 홀수)

5

☐ 개, (짝수 , 홀수)

3

☐ 개, (짝수 , 홀수)

6

☐ 마리, (짝수 , 홀수)

4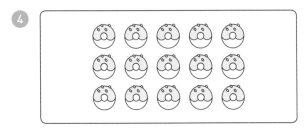

☐ 개, (짝수 , 홀수)

7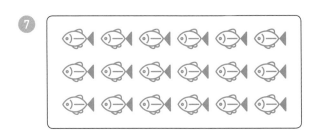

☐ 마리, (짝수 , 홀수)

✂ 짝수인지 홀수인지 알맞은 말에 ◯표 하세요.

① **13** 짝수 홀수

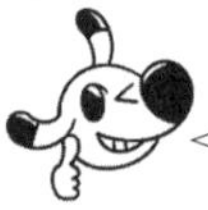

낱개의 수가
1, 3, 5, 7, 9이면 홀수!

② **20** 짝수 홀수

낱개의 수가
2, 4, 6, 8, 0이면 짝수!

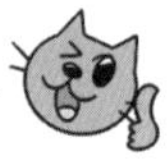

③ **23** 짝수 홀수

④ **16** 짝수 홀수

⑤ **25** 짝수 홀수

⑥ **34** 짝수 홀수

⑦ **26** 짝수 홀수

⑧ **17** 짝수 홀수

⑨ **11** 짝수 홀수

⑩ **18** 짝수 홀수

⑪ **22** 짝수 홀수

⑫ **19** 짝수 홀수

08 생활 속 연산 − 100까지의 수

✂ 그림을 보고 ☐ 안에 알맞은 수나 말을 써넣으세요.

1

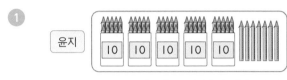

윤지와 지수 중 색연필을 더 많이

가지고 있는 사람은 ☐ 입니다.

2

시험에서 가장 낮은 점수를 받은 사람은

☐ 입니다.

3

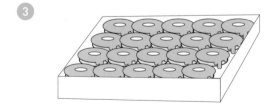

한 박스에 도넛은 모두 ☐ 개 있습니다.

도넛의 수는 둘씩 짝을 지을 수 있으므로

☐ 수입니다.

┌─────────┐
│ 짝수인지 │
│ 홀수인지 쓰세요. │
└─────────┘

포도송이의 포도알 중 홀수가 써 있는 포도알이 잘 익은 포도알입니다. 잘 익은 포도알을 모두 찾아 색칠하세요.

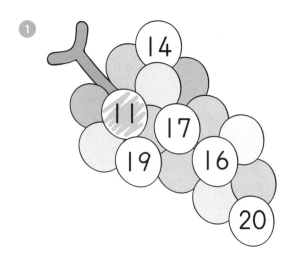

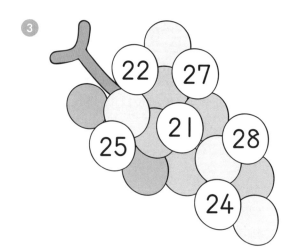

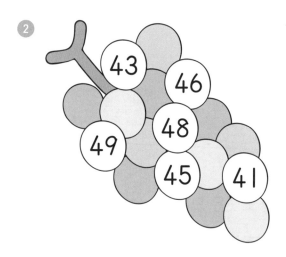

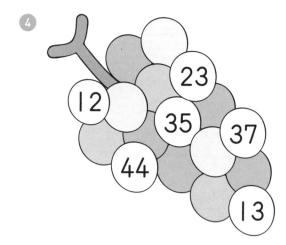

첫째 마당 끝!
통과 문제로 확인해 봐!

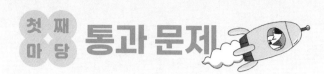
✂ ☐ 안에 알맞은 수나 말을 써넣으세요.

1

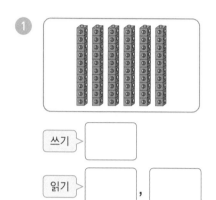

쓰기 ☐

읽기 ☐ , ☐

2

쓰기 ☐

읽기 ☐ , ☐

3 1씩 커져요. ——→

51				55
56			59	60

←—— 1씩 작아져요.

4

| 42 | ☐ | 44 | ☐ |

1씩 커져요. ——→

5

| 75 | ☐ | ☐ | 78 |

1씩 커져요. ——→

6

56	53

더 큰 수: ☐

7

84	92

더 작은 수: ☐

8

67 78 63 93 88

• 가장 큰 수: ☐

• 가장 작은 수: ☐

9

12	9

짝수: ☐

10

18	13

홀수: ☐

오늘 공부한
단계를 색칠해
보세요!

둘째 마당

세 수의 계산,
10을 이용한 덧셈과 뺄셈

교과서 2. 덧셈과 뺄셈(1)

☆ 10이 되는 더하기

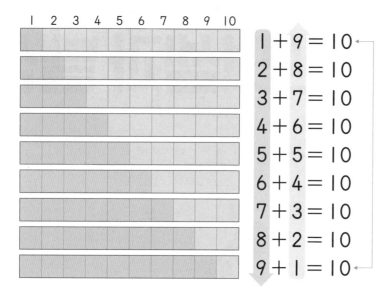

$1 + 9 = 10$
$2 + 8 = 10$
$3 + 7 = 10$
$4 + 6 = 10$
$5 + 5 = 10$
$6 + 4 = 10$
$7 + 3 = 10$
$8 + 2 = 10$
$9 + 1 = 10$

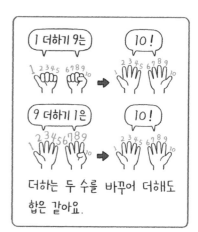

1 더하기 9는 10!
9 더하기 1은 10!
더하는 두 수를 바꾸어 더해도 합은 같아요.

☆ 10에서 빼기

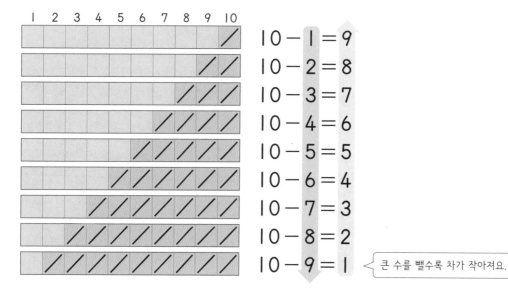

$10 - 1 = 9$
$10 - 2 = 8$
$10 - 3 = 7$
$10 - 4 = 6$
$10 - 5 = 5$
$10 - 6 = 4$
$10 - 7 = 3$
$10 - 8 = 2$
$10 - 9 = 1$

큰 수를 뺄수록 차가 작아져요.

잠깐! 퀴즈 손가락 몇 개를 더 펴면 모두 10개가 될까요?
① 3개   ② 7개

✂ 세 수의 덧셈을 하세요.

① 3 + 1 + 2 = ☐

3	4
+ 1	+ 2
4	☐

❶ 앞의 두 수 먼저! ❷ 남은 수를 더해요.

* 3+1+2 계산하기

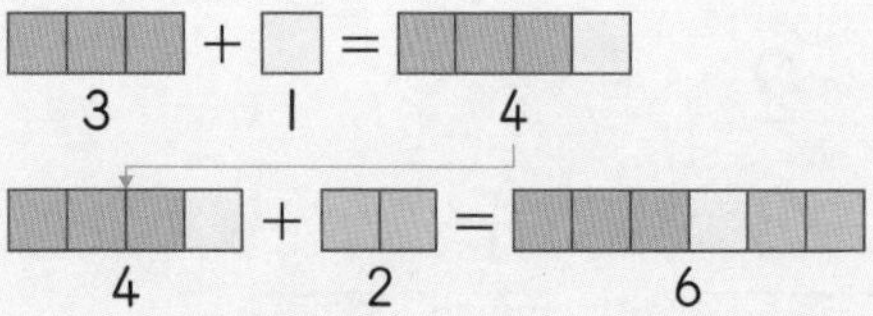

3 + ☐ = 4

4 + 2 = 6

세 수의 덧셈은
두 수의 덧셈을 2번 이어서 하는 것과 같아요.

② 2 + 2 + 1 = ☐

2	☐
+ 2	+ 1
☐	☐

⑤ 5 + 1 + 2 = ☐

5	☐
+ 1	+ 2
☐	☐

③ 2 + 1 + 3 = ☐

2	☐
+ 1	+ 3
☐	☐

⑥ 4 + 3 + 1 = ☐

4	☐
+ 3	+ 1
☐	☐

④ 3 + 2 + 2 = ☐

3	☐
+ 2	+ 2
☐	☐

⑦ 6 + 0 + 3 = ☐

6	☐
+ 0	+ 3
☐	☐

✿ 세 수의 덧셈을 하세요.

① 2 + 3 + 4 = ☐

$$\begin{array}{r} 2 \\ + \ 3 \\ \hline \ \square \end{array} \qquad \begin{array}{r} \square \\ + \ 4 \\ \hline \ \square \end{array}$$

⑤ 3 + 1 + 3 = ☐

$$\begin{array}{r} 3 \\ + \ 1 \\ \hline \ \square \end{array} \qquad \begin{array}{r} \square \\ + \ 3 \\ \hline \ \square \end{array}$$

② 1 + 4 + 2 = ☐

$$\begin{array}{r} 1 \\ + \ 4 \\ \hline \ \square \end{array} \qquad \begin{array}{r} \square \\ + \ 2 \\ \hline \ \square \end{array}$$

⑥ 2 + 5 + 2 = ☐

$$\begin{array}{r} 2 \\ + \ 5 \\ \hline \ \square \end{array} \qquad \begin{array}{r} \square \\ + \ 2 \\ \hline \ \square \end{array}$$

③ 3 + 5 + 1 = ☐

$$\begin{array}{r} 3 \\ + \ 5 \\ \hline \ \square \end{array} \qquad \begin{array}{r} \square \\ + \ 1 \\ \hline \ \square \end{array}$$

⑦ 4 + 2 + 3 = ☐

$$\begin{array}{r} 4 \\ + \ 2 \\ \hline \ \square \end{array} \qquad \begin{array}{r} \square \\ + \ 3 \\ \hline \ \square \end{array}$$

④ 5 + 2 + 1 = ☐

$$\begin{array}{r} 5 \\ + \ 2 \\ \hline \ \square \end{array} \qquad \begin{array}{r} \square \\ + \ 1 \\ \hline \ \square \end{array}$$

⑧ 3 + 3 + 2 = ☐

$$\begin{array}{r} 3 \\ + \ 3 \\ \hline \ \square \end{array} \qquad \begin{array}{r} \square \\ + \ 2 \\ \hline \ \square \end{array}$$

10 간단한 세 수의 덧셈은 가로셈으로 빠르게

✂ 세 수의 덧셈을 하세요.

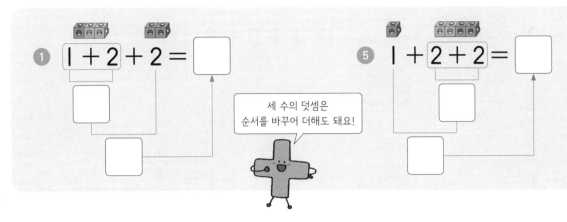

① | + 2 + 2 = ☐

세 수의 덧셈은
순서를 바꾸어 더해도 돼요!

⑤ | + 2 + 2 = ☐

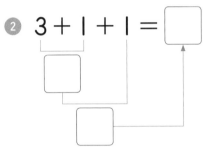

② 3 + | + | = ☐

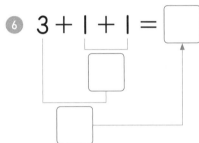

⑥ 3 + | + | = ☐

③ 5 + | + 2 = ☐

⑦ 5 + | + 2 = ☐

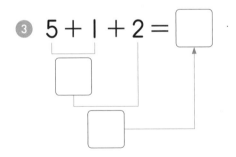

④ 6 + 2 + | = ☐

⑧ 6 + 2 + | = ☐

✿ 세 수의 덧셈을 하세요.

❶ $4 + 1 + 2 =$ ☐

❷ $3 + 2 + 1 =$ ☐

❸ $5 + 2 + 1 =$ ☐

❹ $4 + 2 + 3 =$ ☐

❺ $3 + 3 + 3 =$ ☐

❻ $4 + 3 + 1 =$ ☐

❼ $1 + 5 + 3 =$ ☐

❽ $7 + 1 + 1 =$ ☐

❾ $3 + 2 + 2 =$ ☐

❿ $2 + 6 + 1 =$ ☐

⓫ $5 + 0 + 3 =$ ☐

세 수의 뺄셈은 반드시 앞에서부터!

✂ 세 수의 뺄셈을 하세요.

① $5 - 2 - 2 = \boxed{}$

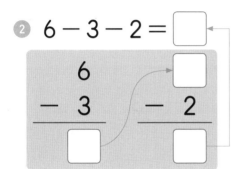

❶ 앞의 두 수 먼저!　　❷ 남은 수를 빼요~

---

* 5−2−1 계산하기

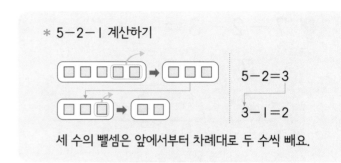

$5-2=3$
$3-1=2$

세 수의 뺄셈은 앞에서부터 차례대로 두 수씩 빼요.

---

② $6 - 3 - 2 = \boxed{}$

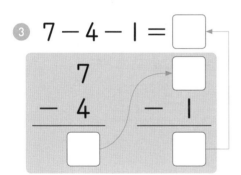

⑤ $8 - 1 - 4 = \boxed{}$

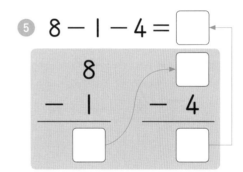

③ $7 - 4 - 1 = \boxed{}$

⑥ $8 - 2 - 1 = \boxed{}$

④ $9 - 2 - 4 = \boxed{}$

⑦ $9 - 2 - 3 = \boxed{}$

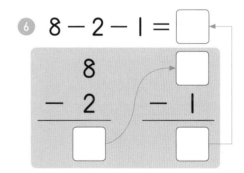

✂ 세 수의 뺄셈을 하세요.

① 7 − 2 − 3 = ☐

$$
\begin{array}{r}
7 \\
- 2 \\
\hline
\boxed{}
\end{array}
\qquad
\begin{array}{r}
\boxed{} \\
- 3 \\
\hline
\boxed{}
\end{array}
$$

② 6 − 1 − 4 = ☐

$$
\begin{array}{r}
6 \\
- 1 \\
\hline
\boxed{}
\end{array}
\qquad
\begin{array}{r}
\boxed{} \\
- 4 \\
\hline
\boxed{}
\end{array}
$$

③ 8 − 2 − 2 = ☐

$$
\begin{array}{r}
8 \\
- 2 \\
\hline
\boxed{}
\end{array}
\qquad
\begin{array}{r}
\boxed{} \\
- 2 \\
\hline
\boxed{}
\end{array}
$$

④ 7 − 3 − 1 = ☐

$$
\begin{array}{r}
7 \\
- 3 \\
\hline
\boxed{}
\end{array}
\qquad
\begin{array}{r}
\boxed{} \\
- 1 \\
\hline
\boxed{}
\end{array}
$$

⑤ 5 − 1 − 2 = ☐

$$
\begin{array}{r}
5 \\
- 1 \\
\hline
\boxed{}
\end{array}
\qquad
\begin{array}{r}
\boxed{} \\
- 2 \\
\hline
\boxed{}
\end{array}
$$

⑥ 8 − 2 − 3 = ☐

$$
\begin{array}{r}
8 \\
- 2 \\
\hline
\boxed{}
\end{array}
\qquad
\begin{array}{r}
\boxed{} \\
- 3 \\
\hline
\boxed{}
\end{array}
$$

⑦ 6 − 3 − 1 = ☐

$$
\begin{array}{r}
6 \\
- 3 \\
\hline
\boxed{}
\end{array}
\qquad
\begin{array}{r}
\boxed{} \\
- 1 \\
\hline
\boxed{}
\end{array}
$$

⑧ 9 − 1 − 4 = ☐

$$
\begin{array}{r}
9 \\
- 1 \\
\hline
\boxed{}
\end{array}
\qquad
\begin{array}{r}
\boxed{} \\
- 4 \\
\hline
\boxed{}
\end{array}
$$

✂ 세 수의 뺄셈을 하세요.

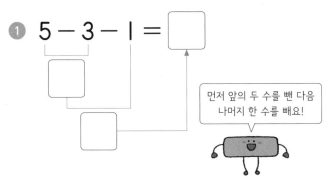

① 5 − 3 − 1 =

먼저 앞의 두 수를 뺀 다음
나머지 한 수를 빼요!

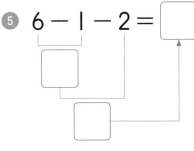

⑤ 6 − 1 − 2 =

② 6 − 2 − 3 =

⑥ 7 − 4 − 2 =

③ 8 − 1 − 2 =

⑦ 8 − 5 − 1 =

④ 9 − 4 − 2 =

⑧ 9 − 2 − 5 =

집중 시간 3분

세 수의 뺄셈을 하세요.

① $6-4-1=\square$

② $7-1-3=\square$

③ $9-1-7=\square$

④ $8-2-5=\square$

⑤ $9-3-2=\square$

⑥ $8-4-4=\square$

⑦ $8-3-2=\square$

⑧ $7-4-3=\square$

⑨ $7-5-1=\square$

⑩ $9-2-6=\square$

⑪ $8-5-3=\square$

뺄셈은 꼭 순서대로 풀어요.

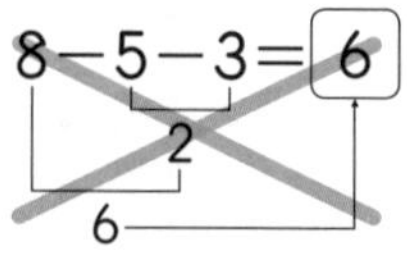

앞에서부터 차례대로
계산하지 않으면 답이 틀려요!

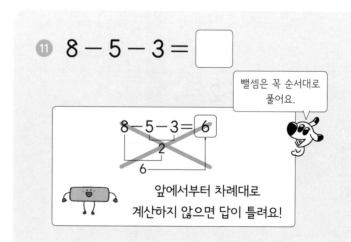

13 **10이 되는 더하기**

✂ 그림을 보고 덧셈식을 완성하세요.

①

$$2 + 8 = \boxed{}$$

⑤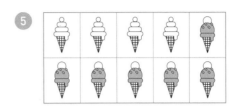

$$\boxed{} + 6 = 10$$ ◁ 6과 더해서 10이 되는 수는?

②

$$3 + \boxed{} = 10$$ ◁ 3과 더해서 10이 되는 수는?

⑥

$$\boxed{} + 2 = \boxed{}$$

③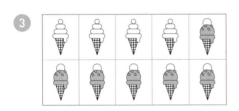

$$4 + \boxed{} = 10$$

⑦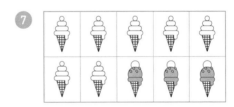

$$7 + \boxed{} = \boxed{}$$

④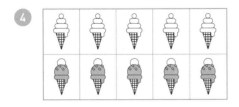

$$5 + \boxed{} = 10$$

⑧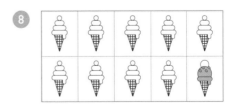

$$\boxed{} + \boxed{} = 10$$

✳ 그림을 보고 □ 안에 알맞은 수를 써넣으세요.

1

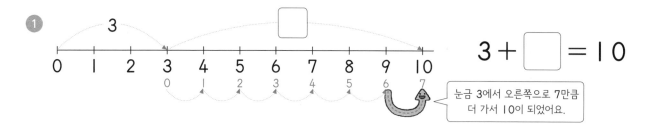

$$3 + \boxed{} = 10$$

눈금 3에서 오른쪽으로 7만큼 더 가서 10이 되었어요.

2

$$7 + \boxed{} = 10$$

3

$$5 + \boxed{} = 10$$

4

$$8 + \boxed{} = 10$$

5

$$4 + \boxed{} = 10$$

6

$$9 + \boxed{} = 10$$

14 10이 되는 더하기 연습

❀ □ 안에 알맞은 수를 써넣으세요.

① 6 + 4 = □

② 7 + 3 = □

③ 5 + 5 = □

④ □ + 9 = 1 0

⑤ 7 + □ = 1 0

⑥ □ + 8 = 1 0

⑦ □ + 2 = 1 0

⑧ 6 + □ = 1 0

⑨ 5 + □ = 1 0

⑩ □ + 1 = 1 0

⑪ 4 + □ = 1 0

⑫ 3 + □ = 1 0

⑬ 8 + 2 = □

⑭ □ + 6 = 1 0

⑮ □ + 7 = 1 0

⑯ 4 + 6 = □

집중 시간 2분

□ 안에 알맞은 수를 써넣으세요.

① 1 + 9 = □

② 2 + 8 = □

③ 4 + 6 = □

④ 5 + 5 = □

⑤ 2 + □ = 10

⑥ □ + 6 = 10

⑦ 9 + □ = 10

⑧ □ + 5 = 10

⑨ □ + 1 = 10

⑩ 3 + □ = 10

⑪ 5 + □ = 10

⑫ 8 + □ = 10

⑬ □ + 4 = 10

⑭ 7 + □ = 10

더해서 10이 되는 두 수는
외워두면 편해요!
10
1 9
2 8
3 7
4 6
5 5

15 10에서 빼기

집중 시간 2분

✂ 그림을 보고 뺄셈식을 완성하세요.

①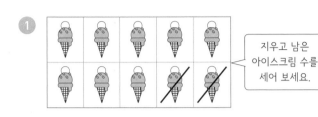

지우고 남은 아이스크림 수를 세어 보세요.

$$10 - 2 = \boxed{}$$

⑤

$$10 - \boxed{} = 4$$

②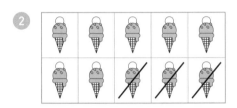

$$10 - 3 = \boxed{}$$

⑥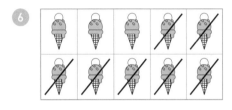

$$10 - \boxed{} = \boxed{}$$

③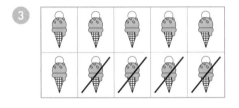

$$10 - 4 = \boxed{}$$

⑦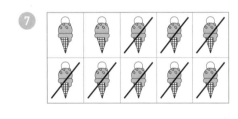

$$10 - \boxed{} = \boxed{}$$

④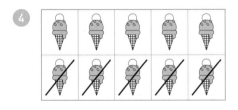

$$10 - 5 = \boxed{}$$

⑧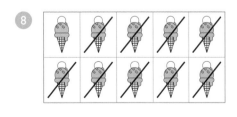

$$10 - \boxed{} = \boxed{}$$

그림을 보고 ☐ 안에 알맞은 수를 써넣으세요.

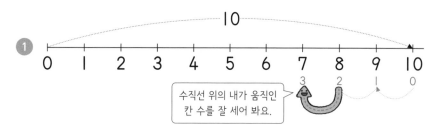

$10 - \boxed{3} = 7$

수직선 위의 내가 움직인 칸 수를 잘 세어 봐요.

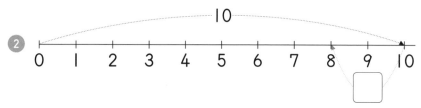

$10 - \boxed{} = 8$

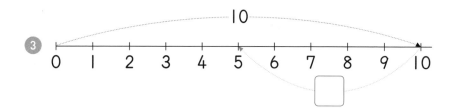

$10 - \boxed{} = 5$

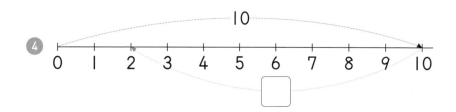

$10 - \boxed{} = 2$

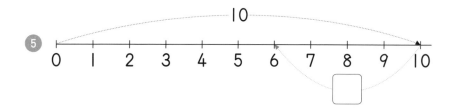

$10 - \boxed{} = 6$

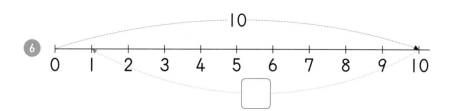

$10 - \boxed{} = 1$

✂ ☐ 안에 알맞은 수를 써넣으세요.

① 1 0 − 6 = ☐ ⑩ 1 0 − ☐ = 6

② 1 0 − 3 = ☐ ⑪ 1 0 − ☐ = 5

③ 1 0 − 9 = ☐ ⑫ 1 0 − ☐ = 4

④ 1 0 − 2 = ☐ ⑬ 1 0 − ☐ = 8

⑤ 1 0 − 4 = ☐ ⑭ 1 0 − ☐ = 3

⑥ 1 0 − 7 = ☐ ⑮ 1 0 − ☐ = 9

⑦ 1 0 − 1 = ☐ ⑯ 1 0 − ☐ = 2

⑧ 1 0 − 8 = ☐ ⑰ 1 0 − ☐ = 7

⑨ 1 0 − 5 = ☐ ⑱ 1 0 − ☐ = 1

집중 시간
2분

✂ □ 안에 알맞은 수를 써넣으세요.

① $10 - 5 = \boxed{}$

② $10 - 4 = \boxed{}$

③ $10 - 3 = \boxed{}$

④ $10 - 1 = \boxed{}$

⑤ $10 - \boxed{} = 6$

⑥ $10 - \boxed{} = 5$

⑦ $10 - \boxed{} = 2$

⑧ $10 - \boxed{} = 7$

⑨ $10 - 2 = \boxed{}$

⑩ $10 - 7 = \boxed{}$

⑪ $10 - \boxed{} = 1$

⑫ $10 - \boxed{} = 8$

😲 앗! 실수

⑬ $10 - \boxed{} = 3$

⑭ $10 - \boxed{} = 4$

17 10을 만들어 세 수 쉽게 더하기(1)

집중 시간
2분

✳ 합이 10이 되는 두 수를 먼저 더하고, 나머지 수를 더하여 세 수의 합을 구하세요.

➊ ⑦ + ③ + 2

= ☐ + 2

= ☐

합이 10이 되는
두 수를 찾아
◯표 해 보세요~

➎ 4 + 6 + 7

= ☐ + 7

= ☐

➋ 2 + 8 + 6

= ☐ + 6

= ☐

➏ 3 + 7 + 1

= ☐ + 1

= ☐

➌ 6 + 4 + 3

= ☐ + 3

= ☐

➐ 9 + 1 + 4

= ☐ + 4

= ☐

➍ 1 + 9 + 5

= ☐ + 5

= ☐

➑ 5 + 5 + 9

= ☐ + 9

= ☐

합이 10이 되는 두 수를 먼저 더하고, 나머지 수를 더하여 세 수의 합을 구하세요.

❶ 5 + 4 + 6

= 5 + [10]

= [ ]

덧셈은 순서를 바꾸어
계산할 수 있어요!
합이 10이 되는 두 수를
먼저 찾아 ◯표 해 보세요!

❺ 6 + 9 + 1

= 6 + [ ]

= [ ]

❷ 3 + 8 + 2

= 3 + [ ]

= [ ]

❻ 8 + 3 + 7

= 8 + [ ]

= [ ]

❸ 2 + 1 + 9

= 2 + [ ]

= [ ]

❼ 7 + 6 + 4

= 7 + [ ]

= [ ]

❹ 4 + 7 + 3

= 4 + [ ]

= [ ]

❽ 9 + 2 + 8

= 9 + [ ]

= [ ]

10을 만들어 세 수 쉽게 더하기(2)

✜ 합이 10이 되는 두 수를 먼저 더하고, 나머지 수를 더하여 세 수의 합을 구하세요.

① ④+3+⑥ 〈합이 10이 되는 두 수를 찾아 ◯표 해 보세요~〉

$= \boxed{10} + 3$

$= \boxed{}$

② 7+4+3

$= \boxed{} + 4$

$= \boxed{}$

③ 4+1+6

$= \boxed{} + 1$

$= \boxed{}$

④ 5+8+5

$= \boxed{} + 8$

$= \boxed{}$

⑤ 3+9+7

$= \boxed{} + 9$

$= \boxed{}$

⑥ 9+5+1

$= \boxed{} + 5$

$= \boxed{}$

⑦ 8+6+2

$= \boxed{} + 6$

$= \boxed{}$

⑧ 6+7+4

$= \boxed{} + 7$

$= \boxed{}$

집중 시간
3분

✿ 합이 10이 되는 두 수를 먼저 더하고, 나머지 수를 더하여 세 수의 합을 구하세요.

① ⑤+⑤+1 = ☐

합이 10이 되는 두 수를
먼저 찾아 ◯표 해 보세요~

합이 10인 짝꿍 수
1 9   2 8
5 5
4 6   3 7

② 2+6+8 = ☐

③ 9+1+5 = ☐

④ 2+3+7 = ☐

⑤ 5+4+6 = ☐

⑥ 8+3+2 = ☐

⑦ 4+9+1 = ☐

⑧ 1+3+9 = ☐

⑨ 7+3+8 = ☐

⑩ 4+7+6 = ☐

⑪ 4+2+8 = ☐

⑫ 3+9+7 = ☐

❀ 그림을 보고 ☐ 안에 알맞은 수를 써넣으세요.

①

꽃병에 장미 4송이, 튤립 3송이, 국화 2송이가

있습니다. 꽃병에 담긴 꽃은 모두 ☐ 송이입니다.

②

$9 - 4 - \boxed{} = \boxed{}$

사탕이 9개 있는 병에서 준기가 4개, 유리가 3개를

꺼냈습니다. 병에 남은 사탕은 ☐ 개입니다.

준기   유리

③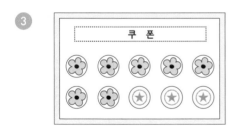

쿠 폰

도장 10개를 채우면 선물을 받을 수 있습니다.

선물을 받으려면 도장 ☐ 개를 더 채워야 합니다.

④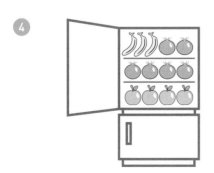

$3 + 6 + \boxed{} = \boxed{}$

냉장고에 바나나 3개, 오렌지 6개, 사과 4개가

있습니다. 냉장고에 있는 과일은 모두 ☐ 개입니다.

✂ 당근의 주인을 찾고 있어요. 당근에 쓰인 덧셈 결과와 같은 수 카드를 가지고 있는 토끼가
당근의 주인이에요. 당근의 주인을 찾아 이어 보세요.

1 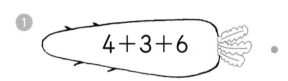 4+3+6 •

•  17

2 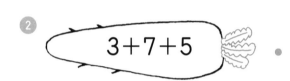 3+7+5 •

•  13

3 8+7+2 •

•  15

4 8+3+7 •

•  19

5 9+7+3 •

•  18

다 풀었네~
정말 대단해!

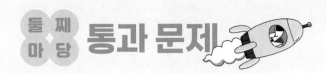
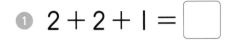 □ 안에 알맞은 수를 써넣으세요.

① 2 + 2 + 1 = ☐

② 3 + 2 + 1 = ☐

③ 1 + 4 + 2 = ☐

④ 6 − 2 − 1 = ☐

⑤ 8 − 3 − 4 = ☐

⑥ 7 − 2 − 2 = ☐

⑦ 6 + 3 + 4 = ☐

⑧ 4 + 2 + 8 = ☐

⑨ 10 − 5 = ☐

⑩ 10 − 4 = ☐

⑪ 3 + ☐ = 10

⑫ ☐ + 4 = 10

⑬ 10 − ☐ = 7

⑭ 10 − ☐ = 9

⑮ 수지는 구슬을 분홍색 3개, 노란색 5개, 파란색 5개 가지고 있습니다. 수지가 가지고 있는 구슬은 모두 ☐ 개입니다.

⑯ 초콜릿 10개가 있는 통에서 민재가 6개를 먹었습니다. 통에 남아 있는 초콜릿은 ☐ 개입니다.

오늘 공부한 단계를 색칠해 보세요!

덧셈과 뺄셈

교과서 4. 덧셈과 뺄셈(2)

29

32

33

30

31

바빠 개념 쏙쏙!

☆ 합이 10이 넘는 한 자리 수의 덧셈 – 10 만들어 더하기

① 뒤의 수를 가르기 하여 더하기

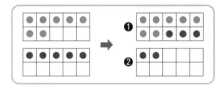

$$7+5=10+2=12$$

3을 먼저 더해
10을 만들고

남은 2를 더해요.

② 앞의 수를 가르기 하여 더하기

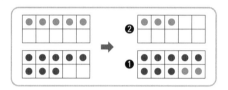

$$5+8=3+10=13$$

2를 먼저 더해
10을 만들고

남은 3을 더해요.

☆ 받아내림이 있는 (십몇)–(몇) – 10 만들어 빼기

① 뒤의 수를 가르기 하여 빼기

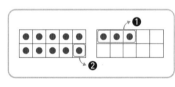

$$13-4=10-1=9$$

3을 먼저 빼
10을 만들고

1을 더 빼요.

② 앞의 수를 가르기 하여 빼기

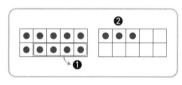

$$13-4=3+6=9$$

4를 먼저 뺀 다음

남은 3을 더해요.

잠깐! 퀴즈

8과 6을 더하면 얼마일까요?

① 12   ② 14

20 이어 세어서 두 수를 더해 보자

✂ 이어 세어서 더해 보세요.

①
> 도넛 8개하고 3개가 더 있어요.
> 8 다음 수부터 이어 세면
> 9, 10, 11이에요.

8 9 10 11

➡ $8 + 3 = \boxed{}$

②

7 8 9 10 11 $\boxed{}$

➡ $7 + 5 = \boxed{}$

③

6 7 8 9 10 $\boxed{}$ $\boxed{}$ $\boxed{}$

➡ $6 + 7 = \boxed{}$

④

9 $\boxed{}$ $\boxed{}$ $\boxed{}$

➡ $9 + 3 = \boxed{}$

⑤

5 6 7 8 9 10 11 $\boxed{}$ $\boxed{}$ $\boxed{}$

➡ $5 + 9 = \boxed{}$

❋ 이어 세어서 더해 보세요.

두 수를 바꾸어 더해도 합은 같아요.

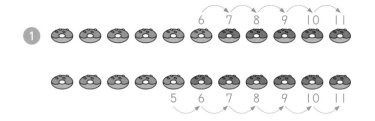

① 6 7 8 9 10 11

5 6 7 8 9 10 11

$6 + 5 =$

$5 + 6 =$

② $8 + 6 =$

$6 + 8 =$

③ $4 + 9 =$

$9 + 4 =$

④ $7 + 6 =$

$6 + 7 =$

⑤ $2 + 9 =$

$9 + 2 =$

⑥ $9 + 5 =$

$5 + 9 =$

✂ □ 안에 알맞은 수를 써넣으세요.

① $7 + 6 =$ □

□ 3

10을 먼저
만들면 쉬워!

$7 + 4 =$ | 1 1 |

❶

3 |
❷

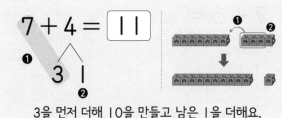

3을 먼저 더해 10을 만들고 남은 1을 더해요.

② $8 + 5 =$ □

□ 3

⑥ $9 + 3 =$ □

□ 2

③ $7 + 7 =$ □

□ 4

⑦ $8 + 5 =$ □

□ 3

④ $9 + 6 =$ □

□ 5

⑧ $6 + 5 =$ □

□ 1

⑤ $5 + 7 =$ □

□ 2

⑨ $8 + 4 =$ □

□ 2

✂ ☐ 안에 알맞은 수를 써넣으세요.

① 7 + 5 = ☐

⑥ 6 + 9 = ☐

② 6 + 6 = ☐

⑦ 2 + 9 = ☐

③ 8 + 3 = ☐

⑧ 6 + 7 = ☐

④ 9 + 8 = ☐

⑨ 7 + 8 = ☐

⑤ 8 + 7 = ☐

⑩ 5 + 8 = ☐

뒤의 수를 10 만들어 더하기

✂ □ 안에 알맞은 수를 써넣으세요.

① $5 + 7 = \boxed{}$

2 $\boxed{}$

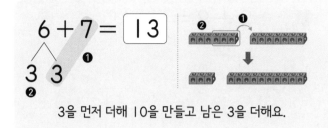

$6 + 7 = \boxed{13}$

3 3

3을 먼저 더해 10을 만들고 남은 3을 더해요.

② $5 + 6 = \boxed{}$

1 $\boxed{}$

⑥ $7 + 8 = \boxed{}$

5 $\boxed{}$

③ $4 + 8 = \boxed{}$

2 $\boxed{}$

⑦ $4 + 9 = \boxed{}$

3 $\boxed{}$

④ $4 + 7 = \boxed{}$

1 $\boxed{}$

⑧ $7 + 7 = \boxed{}$

4 $\boxed{}$

⑤ $5 + 9 = \boxed{}$

4 $\boxed{}$

⑨ $6 + 8 = \boxed{}$

4 $\boxed{}$

❋ ☐ 안에 알맞은 수를 써넣으세요.

① $2 + 9 =$ ☐

② $7 + 6 =$ ☐

③ $7 + 4 =$ ☐

④ $3 + 9 =$ ☐

⑤ $5 + 8 =$ ☐

⑥ $8 + 8 =$ ☐

⑦ $8 + 4 =$ ☐

⑧ $9 + 7 =$ ☐

⑨ $8 + 5 =$ ☐

⑩ $5 + 9 =$ ☐

23 합이 10이 넘는 한 자리 수의 덧셈 집중 연습

집중 시간 3분

※ 덧셈을 하세요.

① $5+8=$

두 수 중 어떤 수를 가르기 하여도
10 만들기 방법은 똑같아요.

② $8+7=$

③ $5+6=$

④ $7+8=$

⑤ $4+8=$

⑥ $4+7=$

⑦ $6+9=$

⑧ $6+7=$

⑨ $6+8=$

⑩ $5+9=$

⑪ $9+8=$

⑫ $5+7=$

⑬ $3+8=$

⑭ $6+6=$

✤ 덧셈을 하세요.

① $7 + 9 =$

② $8 + 3 =$

③ $7 + 6 =$

④ $8 + 4 =$

⑤ $9 + 3 =$

⑥ $8 + 5 =$

⑦ $4 + 9 =$

⑧ $8 + 6 =$

⑨ $9 + 9 =$

⑩ $2 + 9 =$

⑪ $9 + 4 =$

⑫ $7 + 5 =$

⑬ $9 + 6 =$

⑭ $7 + 7 =$

24 합이 10이 넘는 덧셈은 중요하니 한 번 더!

❋ 덧셈을 하세요.

① 8 + 3 =

2 1 ← 두 수 중 작은 수를 가르기 하면 계산이 더 빨라져요.

② 9 + 5 =

③ 7 + 4 =

④ 9 + 8 =

⑤ 8 + 7 =

⑥ 6 + 5 =

⑦ 9 + 7 =

⑧ 5 + 9 =

⑨ 6 + 6 =

⑩ 7 + 9 =

⑪ 6 + 7 =

⑫ 3 + 9 =

⑬ 3 + 8 =

⑭ 8 + 9 =

집중 시간 2분

❊ 덧셈을 하세요.

① $5 + 7 =$

② $7 + 6 =$

③ $9 + 3 =$

④ $4 + 8 =$

⑤ $6 + 9 =$

⑥ $9 + 4 =$

⑦ $8 + 8 =$

⑧ $4 + 9 =$

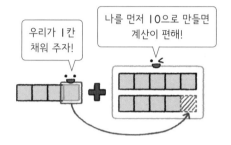

⑨ $7 + 8 =$

⑩ $5 + 6 =$

⑪ $8 + 5 =$

⑫ $6 + 8 =$

⑬ $9 + 6 =$

25 규칙이 있는 덧셈

❀ 덧셈을 하세요.

①

$6 + 4 =$

$6 + 5 =$

$6 + 6 =$

$6 + 7 =$

$6 + 8 =$

같은 수에 1씩
커지는 수를 더하면
합도 1씩 커져요.

③

$9 + 8 =$

$8 + 8 =$

$7 + 8 =$

$6 + 8 =$

$5 + 8 =$

1씩 작아지는 수에
같은 수를 더하면
합도 1씩 작아져요.

②

$7 + 5 =$

$7 + 6 =$

$7 + 7 =$

$7 + 8 =$

$7 + 9 =$

④

$5 + 9 =$

$4 + 9 =$

$3 + 9 =$

$2 + 9 =$

$1 + 9 =$

😊 빈칸에 알맞은 수를 써넣으세요.

1

+	4	5	6
6	10		
7	11		
8		13	14

3

+	7	8	9
5	12		14
7		15	
9	16		

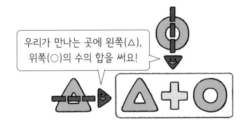

우리가 만나는 곳에 왼쪽(△),
위쪽(○)의 수의 합을 써요!

2

+	4	6	8
7		13	
8		14	16
9	13		17

4

+	3	6	9
9	12	15	
8	11		
7		13	

26 조건에 맞는 덧셈식 찾기

조건에 맞는 덧셈식을 모두 찾아 색칠하세요.

① 합이 12인 덧셈식

3+5				
4+5	4+6			
5+5	5+6	5+7		
6+5	6+6	6+7	6+8	
7+5	7+6	7+7	7+8	7+9

색칠할 칸은 모두 3칸이에요!

② 합이 13인 덧셈식

		5+6		
	6+5	6+6	6+7	
7+4	7+5	7+6	7+7	7+8
	8+5	8+6	8+7	
		9+6		

색칠할 칸은 모두 3칸이에요!

③ 합이 15인 덧셈식

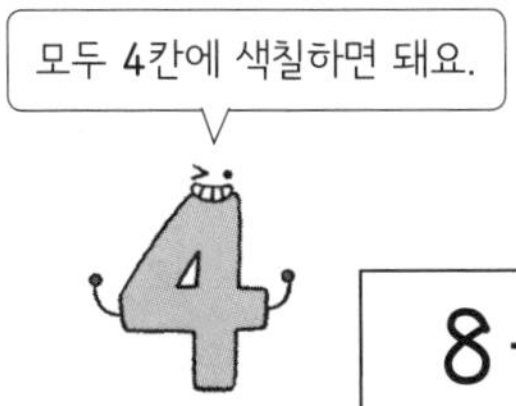

				5+9
			6+8	6+9
		7+7	7+8	7+9
	8+6	8+7	8+8	8+9
9+5	9+6	9+7	9+8	9+9

모두 4칸에 색칠하면 돼요.

❀ 덧셈식이 되는 세 수를 모두 찾아 (□+□=□) 표시를 해 보세요.

1

| 6 + 5 = 11 | 3 | 4 | 9 |

2   7   4   9   13   5

10   4   16   8   7   15

6   7   13   4   5   1

8   14   2   15   6   11

> 가로 방향의 세 수 중에서 덧셈식을 찾아보세요. 덧셈식이 **4**개 숨어 있어요.

2

2   6   4 + 8 = 12   7

4   5   7   6   8   14

7   6   13   3   9   5

5   7   9   16   15   9

8   11   8   9   17   13

> 덧셈식이 **5**개 숨어 있어요.

✂️ ☐ 안에 알맞은 수를 써넣으세요.

① $12 - 7 = \boxed{}$

$\boxed{}$ 5

계산하기 쉽게 먼저 10을 만드는 거예요.

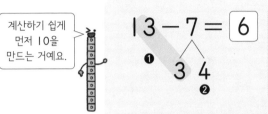

$13 - 7 = \boxed{6}$

❶   3   4

❷

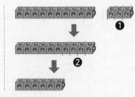

3을 먼저 빼서 10을 만든 다음 남은 4를 빼요.

② $16 - 8 = \boxed{}$

$\boxed{}$ 2

⑥ $17 - 8 = \boxed{}$

$\boxed{}$ 1

③ $14 - 6 = \boxed{}$

$\boxed{}$ 2

⑦ $13 - 9 = \boxed{}$

$\boxed{}$ 6

④ $15 - 8 = \boxed{}$

$\boxed{}$ 3

⑧ $12 - 4 = \boxed{}$

$\boxed{}$ 2

⑤ $11 - 9 = \boxed{}$

$\boxed{}$ 8

⑨ $18 - 9 = \boxed{}$

$\boxed{}$ 1

集中 시간
3분

✂️ ☐ 안에 알맞은 수를 써넣으세요.

❶ 15 − 7 = ☐

5 ☐

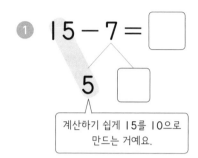
계산하기 쉽게 15를 10으로 만드는 거예요.

❷ 11 − 3 = ☐

1 ☐

❸ 12 − 5 = ☐

2 ☐

❹ 14 − 9 = ☐

4 ☐

❺ 16 − 7 = ☐

6 ☐

❻ 14 − 5 = ☐

4 ☐

❼ 16 − 9 = ☐

6 ☐

❽ 17 − 9 = ☐

7 ☐

❾ 13 − 6 = ☐

3 ☐

❿ 13 − 8 = ☐

3 ☐

28 **먼저 앞의 수를 10 만들어 빼기**

✂ ☐ 안에 알맞은 수를 써넣으세요.

① $12 - 9 = \boxed{}$

   $10\ \boxed{}$

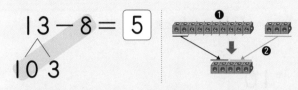

$13 - 8 = \boxed{5}$

$10\ 3$

13을 10과 3으로 가르기 한 다음
10에서 8을 먼저 빼고 남은 2와 남은 3을 더해요.

② $11 - 6 = \boxed{}$

   $10\ \boxed{}$

⑥ $13 - 7 = \boxed{}$

   $10\ \boxed{}$

③ $13 - 5 = \boxed{}$

   $10\ \boxed{}$

⑦ $15 - 6 = \boxed{}$

   $10\ \boxed{}$

④ $12 - 7 = \boxed{}$

   $10\ \boxed{}$

⑧ $16 - 8 = \boxed{}$

   $10\ \boxed{}$

⑤ $14 - 8 = \boxed{}$

   $10\ \boxed{}$

⑨ $15 - 9 = \boxed{}$

   $10\ \boxed{}$

집중 시간 3분

□ 안에 알맞은 수를 써넣으세요.

① $11-4=\square$
10 □

② $15-7=\square$
10 □

③ $14-6=\square$
10 □

④ $17-8=\square$
10 □

⑤ $14-9=\square$
10 □

⑥ $12-6=\square$
10 □

⑦ $13-6=\square$
10 □

⑧ $16-7=\square$
10 □

⑨ $12-5=\square$
10 □

⑩ $18-9=\square$
10 □

29 받아내림이 있는 (십몇) − (몇) 집중 연습

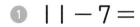 뺄셈을 하세요.

1 $11 - 7 =$

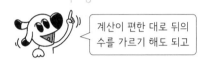
계산이 편한 대로 뒤의 수를 가르기 해도 되고

2 $12 - 8 =$

3 $14 - 6 =$

4 $11 - 5 =$

5 $13 - 4 =$

6 $15 - 8 =$

7 $14 - 5 =$

8 $13 - 8 =$

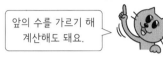
앞의 수를 가르기 해 계산해도 돼요.

9 $17 - 9 =$

10 $15 - 6 =$

11 $12 - 4 =$

12 $11 - 9 =$

13 $12 - 3 =$

14 $14 - 7 =$

집중 시간 3분

❀ 뺄셈을 하세요.

① $11 - 8 =$

② $14 - 8 =$

③ $16 - 9 =$

④ $12 - 5 =$

⑤ $11 - 6 =$

⑥ $16 - 7 =$

⑦ $15 - 7 =$

⑧ $12 - 7 =$

⑨ $13 - 9 =$

⑩ $15 - 9 =$

⑪ $11 - 4 =$

⑫ $14 - 9 =$

⑬ $13 - 7 =$

⑭ $12 - 9 =$

30 (십몇)−(몇)을 완벽하게!

집중 시간 3분

빼셈을 하세요.

① $12-6=$

② $13-8=$

③ $11-2=$

④ $14-7=$

⑤ $13-5=$

⑥ $16-8=$

⑦ $17-8=$

⑧ $11-3=$

⑨ $13-6=$

⑩ $12-3=$

⑪ $17-9=$

⑫ $14-8=$

⑬ $11-7=$

⑭ $18-9=$

✿ 뺄셈을 하세요.

① $11 - 9 =$

② $12 - 7 =$

③ $11 - 5 =$

④ $15 - 6 =$

⑤ $12 - 4 =$

⑥ $14 - 6 =$

⑦ $15 - 8 =$

⑧ $16 - 7 =$

⑨ $11 - 8 =$

⑩ $14 - 5 =$

⑪ $13 - 9 =$

⑫ $15 - 7 =$

⑬ $16 - 9 =$

먼저 나에게서 9만큼 지워볼까~

쓱싹쓱싹~

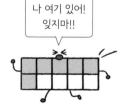

나 여기 있어! 잊지마!!

뺄셈을 하세요.

①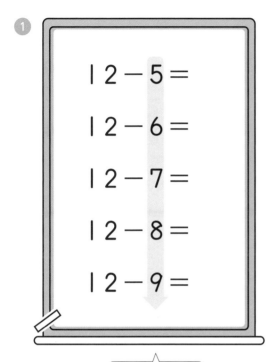

$12 - 5 =$

$12 - 6 =$

$12 - 7 =$

$12 - 8 =$

$12 - 9 =$

같은 수에서 1씩
커지는 수를 빼면
차는 1씩 작아져요.

③

$11 - 7 =$

$12 - 7 =$

$13 - 7 =$

$14 - 7 =$

$15 - 7 =$

1씩 커지는 수에서
같은 수를 빼면
차는 1씩 커져요.

②

$13 - 4 =$

$13 - 5 =$

$13 - 6 =$

$13 - 7 =$

$13 - 8 =$

④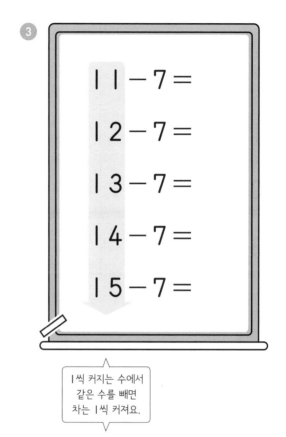

$14 - 9 =$

$15 - 9 =$

$16 - 9 =$

$17 - 9 =$

$18 - 9 =$

✂ 빈칸에 알맞은 수를 써넣으세요.

1

−	4	5	6
11	7	6	
12	8		
13		8	7

3

−	7	8	9
13		5	4
15			
17		9	

왼쪽(△)에서 위쪽(○)의
수를 빼 줘요.

△ ▶ △ − ○

2

−	5	6	7
14	9	8	
15	10		
16		10	

4

−	7	8	9
12	5		
14		6	
16		8	

32 조건에 맞는 뺄셈식 찾기

✂️ 조건에 맞는 뺄셈식을 모두 찾아 색칠하세요.

① 차가 6인 뺄셈식

10−5				
11−5	11−6			
12−5	12−6	12−7		
13−5	13−6	13−7	13−8	
14−5	14−6	14−7	14−8	14−9

색칠할 칸은 모두 4칸이에요!

② 차가 8인 뺄셈식

		13−7		
	14−6	14−7	14−8	
15−5	15−6	15−7	15−8	15−9
	16−6	16−7	16−8	
		17−7		

색칠할 칸은 모두 3칸이에요!

③ 차가 9인 뺄셈식

색칠할 칸은 모두 3칸이에요.

			14−9	
		15−8	15−9	
	16−7	16−8	16−9	
17−6	17−7	17−8	17−9	
18−5	18−6	18−7	18−8	18−9

뺄셈식이 되는 세 수를 모두 찾아 $\boxed{\square - \square = \square}$ 표시를 해 보세요.

1 뺄셈식이 4개 숨어 있어요.

$\boxed{14 - 6 = 8}$			13	4	14
2	1	4	10	9	5
10	3	13	6	7	8
7	15	7	8	2	7
8	14	3	12	6	6

가로 방향의 세 수 중에서 뺄셈식을 찾아보세요.

2 뺄셈식이 5개 숨어 있어요.

2	$\boxed{16 - 8 = 8}$			4	7
14	5	9	5	8	12
6	9	3	17	9	8
5	0	15	9	6	9
1	12	7	5	2	13

음~ 무슨 암호지?

집중 시간 2분

그림을 보고 ☐ 안에 알맞은 수를 써넣으세요.

1

칭찬 붙임딱지가 16장 있습니다.

10칸에 붙이고 남은 칭찬 붙임딱지는

☐ 장입니다.

2

거미 다리는 8개, 개미 다리는 6개입니다.

거미 다리와 개미 다리 수를 합하면

모두 ☐ 개입니다.

3

은지네 반 학생은 15명입니다. 그중 안경을

쓴 학생은 7명이고, 안경을 쓰지 않은 학생은

☐ 명입니다.

4

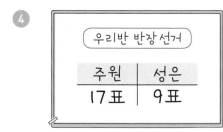

우리반 반장 선거	
주원	성은
17표	9표

반장 선거에서 주원이는 성은이보다 ☐ 표

더 많이 얻었습니다.

🎴 고양이와 강아지가 빙고 놀이를 하고 있습니다. 순서대로 한 문제씩 계산을 한 다음 놀이
판에 색칠할 때, 먼저 한 줄을 색칠한 동물은 누구일까요?

❶ $8+6=$ ☐ ❹ $11-7=$ ☐ ❼ $6+5=$ ☐

❷ $16-9=$ ☐ ❺ $9+8=$ ☐ ❽ $9+6=$ ☐

❸ $7+5=$ ☐ ❻ $15-7=$ ☐ ❾ $14-5=$ ☐

고양이

13	5	6	14
17	11	8	19
12	18	16	9
15	7	4	3

강아지

한 줄은 4칸이니까 4칸을 모두 완성해야 해요.

6	15	9	3
4	11	12	7
18	19	5	16
13	8	14	17

➡ 먼저 한 줄을 색칠한 동물은 ☐ 입니다.

끝까지 풀다니! 너 정말 멋지다~

�֎ □ 안에 알맞은 수를 써넣으세요.

① $7 + 4 = \boxed{}$

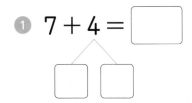

② $5 + 8 = \boxed{}$

③ $13 - 4 = \boxed{}$

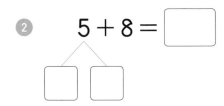

④ $12 - 7 = \boxed{}$

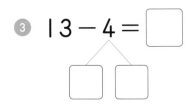

⑤ $2 + 9 = \boxed{}$

⑥ $9 + 6 = \boxed{}$

⑦ $8 + 9 = \boxed{}$

⑧ $7 + 6 = \boxed{}$

⑨ $17 - 8 = \boxed{}$

⑩ $15 - 9 = \boxed{}$

⑪ $14 - 7 = \boxed{}$

⑫ $11 - 6 = \boxed{}$

⑬ 사탕을 정호는 7개, 수지는 8개 가지고 있습니다. 정호와 수지가 가지고 있는 사탕은 모두 $\boxed{}$개입니다.

⑭ 윤지네 반 학생은 17명입니다. 그중 남학생은 9명이고, 여학생은 $\boxed{}$명입니다.

오늘 공부한
단계를 색칠해
보세요!

넷째 마당

덧셈

교과서 6. 덧셈과 뺄셈(3)

42

43

44

45

46

47

☆ 두 자리 수끼리의 덧셈

일의 자리는 일의 자리 수끼리, 십의 자리는 십의 자리 수끼리 더합니다.
일의 자리를 먼저 계산한 다음, 십의 자리를 계산합니다.

① 세로로 계산하기

	십의 자리	일의 자리
	2	3
+	3	5
	5	8
	❷	❶

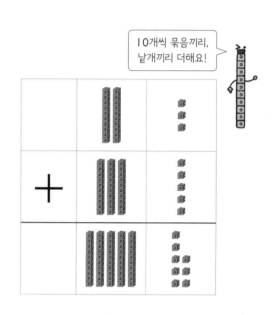

10개씩 묶음끼리, 낱개끼리 더해요!

② 가로로 계산하기

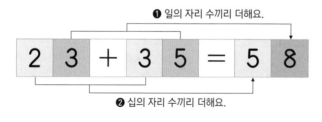

❶ 일의 자리 수끼리 더해요.

2 3 + 3 5 = 5 8

❷ 십의 자리 수끼리 더해요.

가로셈도 일의 자리부터 계산하세요~

잠깐! 퀴즈 21과 46을 더하면 얼마일까요?

① 76   ② 67

① 남장

❈ 덧셈을 하세요.

	⑩	⑪				⑩	⑪			⑩	⑪
①	2	0		⑤		3	2		⑨		3
	+	6			+		4		+	4	0
	2	6									

❷ **❶** 0+6=6

②	1	2		⑥		4	0		⑩		8
	+	5			+		9		+	6	0

일의 자리부터 더해요!

③	2	0		⑦		5	3		⑪		9
	+	8			+		1		+	7	0

④	3	1		⑧		6	0		⑫		6
	+	2			+		3		+	8	1

❀ 덧셈을 하세요.

	십	일
❶	1	1
	+	3
		4

❷ ❶
1+3=4

❷	2	3
	+	4

❸	4	6
	+	2

❹	3	2
	+	5

	십	일
❺	2	5
	+	3

❻	5	4
	+	2

❼	4	3
	+	3

❽	6	4
	+	4

	십	일
❾	5	2
	+	7

❿	4	4
	+	3

⓫	7	7
	+	1

⓬	8	5
	+	2

35 같은 자리 수끼리 더하는 게 중요해

 집중 시간 2분

✂ 덧셈을 하세요.

자리만 잘 맞추어 풀면
어렵지 않아요~

	십	일
❶	2	3
+		2

	십	일
❺	4	2
+		2

	십	일
❾		5
+	6	4

	십	일
❷	6	6
+		3

	십	일
❻	3	4
+		5

	십	일
❿		1
+	8	7

	십	일
❸	4	5
+		2

	십	일
❼	5	2
+		6

	십	일
⓫		4
+	9	4

	십	일
❹	5	7
+		2

	십	일
❽	7	3
+		6

	십	일
⓬		2
+	9	5

✿ 세로셈으로 나타내고, 덧셈을 하세요.

① $15+3$

	1	5
+		3

⑤ $31+4$

+		

⑨ $5+34$

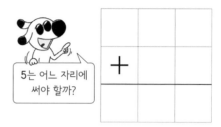
5는 어느 자리에 써야 할까?

+		

② $24+5$

+		

⑥ $17+2$

+		

⑩ $3+55$

+		

③ $31+6$

+		

⑦ $63+4$

+		

⑪ $6+63$

+		

④ $52+4$

+		

⑧ $82+5$

+		

⑫ $7+91$

+		

36 가로셈을 쉽게 푸는 방법

집중 시간 2분

✳️ 덧셈을 하세요.

① 30+7 = 3 7

❶ 3+5=8
23+5 = 2 8
❷

가로셈에서도 일의 자리 수끼리 더하고,
십의 자리 수는 그대로 자리에 맞춰 써요.

② 21+7 =

③ 23+3 =

④ 34+3 =

⑤ 54+4 =

⑥ 42+6 =

⑦ 96+3 =

⑧ 62+4 =

2와 5를 더하면 안돼요.
2는 일의 자리 숫자이고
5는 십의 자리 숫자예요.

⑨ 2+57 =

⑩ 4+73 =

⑪ 2+86 =

✂ 덧셈을 하세요.

1 $13 + 3 =$

6 $83 + 6 =$

😮 앗! 실수

11 $43 + 4 =$

가로셈이 어려우면 세로셈으로
바꾸어 풀어도 좋아요.

2 $46 + 2 =$

7 $7 + 52 =$

12 $52 + 6 =$

3 $21 + 8 =$

8 $64 + 2 =$

13 $74 + 5 =$

4 $34 + 3 =$

9 $72 + 7 =$

14 $3 + 85 =$

5 $6 + 72 =$

10 $95 + 3 =$

일의 자리는 일의 자리
수끼리 더해요~

37 **(몇십몇)+(몇) 집중 연습**

✂ 덧셈을 하세요.

①
$$\begin{array}{r} 1\ 7 \\ +\quad 2 \\ \hline \end{array}$$

⑤
$$\begin{array}{r} 6\ 2 \\ +\quad 5 \\ \hline \end{array}$$

⑨ $35 + 3 =$

②
$$\begin{array}{r} 3\ 2 \\ +\quad 4 \\ \hline \end{array}$$

⑥
$$\begin{array}{r} 4\ 4 \\ +\quad 3 \\ \hline \end{array}$$

⑩ $52 + 7 =$

③
$$\begin{array}{r} 4\ 3 \\ +\quad 5 \\ \hline \end{array}$$

⑦
$$\begin{array}{r} 5\ 4 \\ +\quad 4 \\ \hline \end{array}$$

⑪ $5 + 60 =$

두 수의 순서를 바꾸어
더해도 합이 같아요.
60+5로 생각하면 쉬워요.

④
$$\begin{array}{r} 5\ 3 \\ +\quad 6 \\ \hline \end{array}$$

⑧
$$\begin{array}{r} 7\ 6 \\ +\quad 2 \\ \hline \end{array}$$

⑫ $7 + 82 =$

집중 시간 2분

❖ 덧셈을 하세요.

①
$$\begin{array}{r} 4\ 2 \\ +\quad 4 \\ \hline \end{array}$$

⑤
$$\begin{array}{r} 5\ 3 \\ +\quad 4 \\ \hline \end{array}$$

⑨ $45+3=$

십의 자리 숫자는 그대로 쓰면 되니
일의 자리만 계산하면 돼요.
힘내요! 아자~

②
$$\begin{array}{r} 6\ 1 \\ +\quad 7 \\ \hline \end{array}$$

⑥
$$\begin{array}{r} 6\ 2 \\ +\quad 5 \\ \hline \end{array}$$

⑩ $54+5=$

③
$$\begin{array}{r} 5\ 4 \\ +\quad 2 \\ \hline \end{array}$$

⑦
$$\begin{array}{r} 7\ 1 \\ +\quad 7 \\ \hline \end{array}$$

⑪ $7+82=$

④
$$\begin{array}{r} 7\ 6 \\ +\quad 3 \\ \hline \end{array}$$

⑧
$$\begin{array}{r} 8\ 4 \\ +\quad 5 \\ \hline \end{array}$$

⑫ $6+72=$

❄ 덧셈을 하세요.

①
```
    2 4
+     3
```

⑤
```
    3 5
+     2
```

⑨
```
      3
+   5 6
```

②
```
    4 2
+     5
```

⑥
```
    7 4
+     5
```

⑩
```
    6 7
+     1
```

③
```
    5 1
+     4
```

⑦
```
    9 6
+     2
```

⑪
```
    8 3
+     4
```

④
```
    9 3
+     5
```

⑧
```
    8 7
+     2
```

받아올림이 없는 덧셈의
답이 빨리 나오지 않으면
여러 번 소리내어 읽어 봐요.

😊 빈칸에 알맞은 수를 써넣으세요.

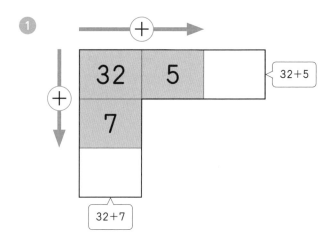

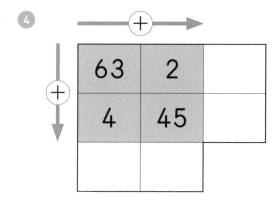

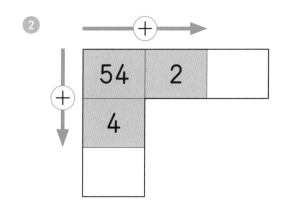

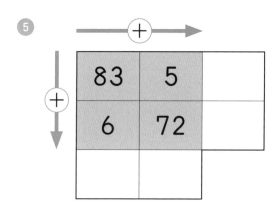

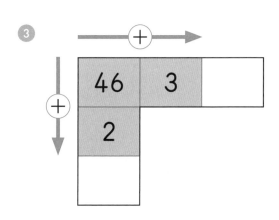

😲 앗! 실수

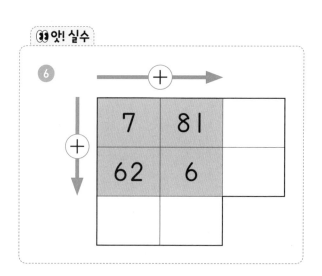

일의 자리 수끼리, 십의 자리 수끼리 더하자(1)

❀ 덧셈을 하세요.

①

십	일
2	0
+ 1	0
3	0

❷ 2+1=3   ❶

20+10은
2+1처럼 쉬워요.

②

4	0
+ 2	0

③

2	0
+ 5	0

④

3	0
+ 3	0

⑤

십	일
2	3
+ 6	0

2+6   3+0

⑥

5	0
+ 3	7

⑦

2	1
+ 6	0

⑧

5	2
+ 2	0

⑨

십	일
1	4
+ 8	0

⑩

4	5
+ 4	0

⑪

7	0
+ 2	6

⑫

6	8
+ 3	0

❄ 덧셈을 하세요.

	십	일
①	2	4
+	1	3

2+1   4+3

②	1	2
+	2	7

③	2	4
+	3	1

④	3	6
+	3	2

	십	일
⑤	2	5
+	2	4

⑥	7	2
+	1	2

⑦	4	5
+	2	3

⑧	5	3
+	2	6

	십	일
⑨	3	2
+	2	5

⑩	3	6
+	4	3

⑪	7	4
+	2	2

끼리끼리 계산해요!
십의 자리 수끼리, 일의 자리 수끼리!

십 일 ✚ 십 일

40 일의 자리 수끼리, 십의 자리 수끼리 더하자(2)

집중 시간
2분

덧셈을 하세요.

> 푸는 데 시간이 많이 걸렸다면
> 큰 소리로 10번 말해 봐요.
> '칠 더하기 이는 구'

	십	일
①	2	1
+	2	7

	십	일
⑤	4	2
+	3	4

	십	일
⑨	6	7
+	2	2

②	2	3
+	4	3

⑥	3	2
+	3	7

⑩	3	4
+	4	5

③	3	0
+	3	4

⑦	3	5
+	6	2

⑪	6	5
+	3	3

④	3	1
+	5	8

⑧	4	4
+	2	5

⑫	8	3
+	1	2

🎀 세로셈으로 나타내고, 덧셈을 하세요.

> 같은 자리 수끼리 줄을 맞추어 쓰는
> 연습을 해야 실수하지 않아요.

① 12+33

	1	2
+	3	3

⑤ 34+22

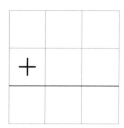

⑨ 32+45

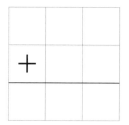

② 42+24

+		

⑥ 47+31

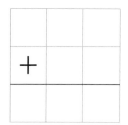

⑩ 51+34

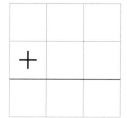

③ 36+32

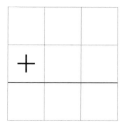

⑦ 63+23

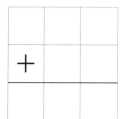

⑪ 70+26

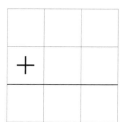

④ 53+42

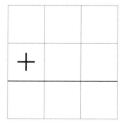

⑧ 55+43

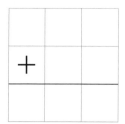

⑫ 61+38

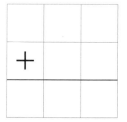

✂ 덧셈을 하세요.

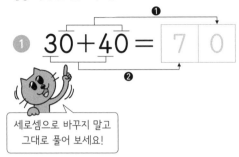

① $30+40 = \boxed{7}\boxed{0}$

세로셈으로 바꾸지 말고
그대로 풀어 보세요!

① 3+2=5
$23+52 = \boxed{7}\boxed{5}$
② 2+5=7

가로셈에서도 자릿수에 맞춰
일의 자리 수끼리, 십의 자리 수끼리 더해요.

② $15+34 = \boxed{}\boxed{}$

⑦ $52+35 = \boxed{}\boxed{}$

③ $21+37 = \boxed{}\boxed{}$

⑧ $61+22 = \boxed{}\boxed{}$

④ $25+43 = \boxed{}\boxed{}$

⑨ $64+13 = \boxed{}\boxed{}$

⑤ $48+21 = \boxed{}\boxed{}$

⑩ $72+17 = \boxed{}\boxed{}$

⑥ $34+42 = \boxed{}\boxed{}$

⑪ $76+23 = \boxed{}\boxed{}$

✂️ 덧셈을 하세요.

① 16＋30＝

⑥ 51＋23＝

⑪ 17＋62＝

> 일의 자리는 일의 자리
> 수끼리 더해요~
> 그래서 6과 2를 더해요.

② 26＋52＝

⑦ 42＋43＝

⑫ 76＋13＝

③ 35＋41＝

⑧ 15＋72＝

⑬ 65＋21＝

④ 46＋23＝

⑨ 40＋18＝

⑭ 32＋54＝

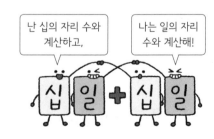

> 난 십의 자리 수와
> 계산하고,

> 나는 일의 자리
> 수와 계산해!

⑤ 31＋57＝

⑩ 83＋15＝

42 두 자리 수의 덧셈 집중 연습

❖ 덧셈을 하세요.

①
```
   1 3
 + 6 2
```

⑤
```
   3 2
 + 1 6
```

⑨ $50 + 29 =$

②
```
   2 7
 + 3 0
```

⑥
```
   7 6
 + 2 3
```

⑩ $44 + 24 =$

③
```
   3 4
 + 4 5
```

⑦
```
   6 3
 + 2 4
```

⑪ $35 + 52 =$

④
```
   3 6
 + 3 1
```

⑧
```
   5 1
 + 3 8
```

⑫ $55 + 43 =$

집중 시간
2분

❀ 덧셈을 하세요.

①
$$\begin{array}{r} 2\ 3 \\ +\ 2\ 4 \\ \hline \end{array}$$

⑤
$$\begin{array}{r} 5\ 3 \\ +\ 1\ 5 \\ \hline \end{array}$$

⑨ $43+21=$

> 쉬고 싶을 때 이렇게 생각해 봐요.
> '딱 한 문제만 더 풀고 쉬자~'
> 공부를 잘하게 되는 작은 습관이에요.

②
$$\begin{array}{r} 3\ 1 \\ +\ 2\ 3 \\ \hline \end{array}$$

⑥
$$\begin{array}{r} 4\ 2 \\ +\ 3\ 3 \\ \hline \end{array}$$

⑩ $62+26=$

③
$$\begin{array}{r} 5\ 2 \\ +\ 1\ 3 \\ \hline \end{array}$$

⑦
$$\begin{array}{r} 2\ 1 \\ +\ 6\ 4 \\ \hline \end{array}$$

⑪ $37+50=$

④
$$\begin{array}{r} 5\ 6 \\ +\ 2\ 0 \\ \hline \end{array}$$

⑧
$$\begin{array}{r} 5\ 4 \\ +\ 3\ 2 \\ \hline \end{array}$$

⑫ $70+29=$

43 두 자리 수의 덧셈을 완벽하게!

집중 시간 2분

덧셈을 하세요.

1. $41 + 35$
2. $23 + 36$
3. $45 + 23$
4. $52 + 46$
5. $63 + 32$
6. $43 + 45$
7. $30 + 48$
8. $72 + 24$
9. $12 + 72$
10. $65 + 24$
11. $24 + 64$

어려운 문제가 있으면 꼭 ☆ 표시를 하고 한 번 더 풀어야 해요.

두 수를 더한 수를 바로 위의 빈칸에 써넣으세요.

①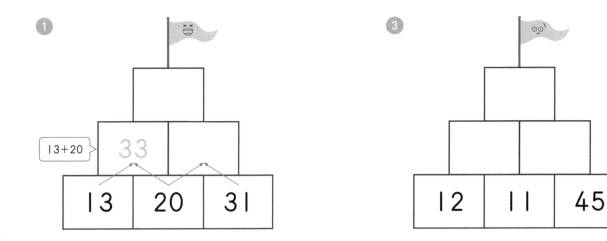

③

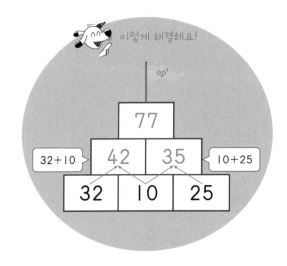
이렇게 해결해요!

②

④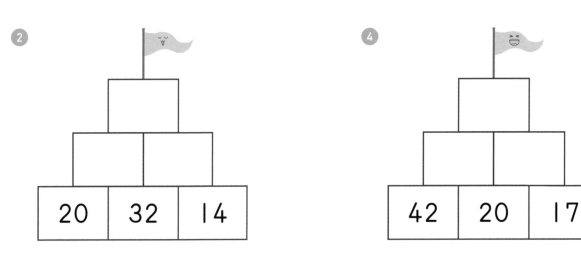

44 그림을 보고 덧셈하기

✂️ 그림을 보고 덧셈식을 쓰세요.

> 5개씩, 10개씩 묶음으로 세면
> 빠르게 셀 수 있어요.

❶
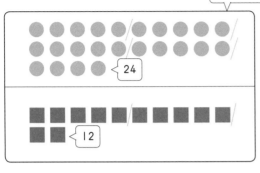

$$24 + 12 = \boxed{}$$

❹
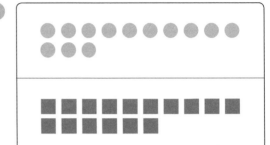

$$13 + \boxed{} = \boxed{}$$

❷
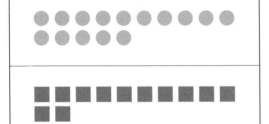

$$15 + \boxed{} = \boxed{}$$

❺
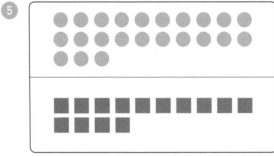

$$\boxed{} + 14 = \boxed{}$$

❸
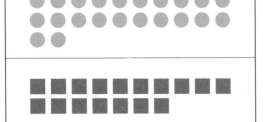

$$\boxed{} + 17 = \boxed{}$$

❻
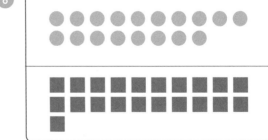

$$\boxed{} + \boxed{} = \boxed{}$$

집중 시간
3분

❁ 그림을 보고 덧셈을 하세요.

❶

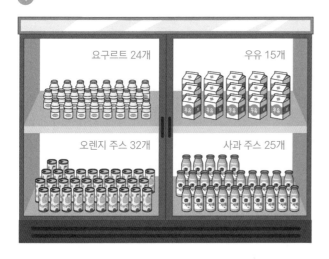

(1) 요구르트와 오렌지 주스는 모두 몇 개인지 덧셈식을 쓰세요.

☐ + ☐ = ☐

(2) 오렌지 주스와 사과 주스는 모두 몇 개인지 덧셈식을 쓰세요.

☐ + ☐ = ☐

(3) 요구르트와 우유는 모두 몇 개인지 덧셈식을 쓰세요.

☐ + ☐ = ☐

❷

(1) 사탕과 초콜릿은 모두 몇 개인지 덧셈식을 쓰세요.

☐ + ☐ = ☐

(2) 도넛과 케이크는 모두 몇 개인지 덧셈식을 쓰세요.

☐ + ☐ = ☐

(3) 사탕과 도넛은 모두 몇 개인지 덧셈식을 쓰세요.

☐ + ☐ = ☐

45 **몇십끼리, 몇끼리 더하는 방법**

✄ □ 안에 알맞은 수를 써넣으세요.

① 23 + 35

$= 20 + \boxed{3} + 30 + \boxed{5}$

$= 50 + \boxed{8}$

$= \boxed{}$

	10개씩 묶음의 수	낱개의 수
23		
35		
	20+30=50	3+5=8

$$23+35 = 50 + 8 = 58$$

② 25 + 34

$= 20 + \boxed{} + 30 + \boxed{}$

$= 50 + \boxed{}$

$= \boxed{}$

⑤ 54 + 32

$= 50 + \boxed{} + 30 + \boxed{}$

$= \boxed{} + \boxed{}$

$= \boxed{}$

③ 61 + 13

$= 60 + \boxed{} + 10 + \boxed{}$

$= 70 + \boxed{}$

$= \boxed{}$

⑥ 74 + 21

$= 70 + \boxed{} + 20 + \boxed{}$

$= \boxed{} + \boxed{}$

$= \boxed{}$

④ 46 + 22

$= 40 + \boxed{} + 20 + \boxed{}$

$= 60 + \boxed{}$

$= \boxed{}$

⑦ 15 + 82

$= 10 + \boxed{} + 80 + \boxed{}$

$= \boxed{} + \boxed{}$

$= \boxed{}$

✂ □ 안에 알맞은 수를 써넣으세요.

두 수를 몇십과 몇으로 나누어 계산하고 있는지 살펴보세요.

① **25 + 42**

몇십과 몇으로 나누어요.

= □ + 5 + □ + 2

= □ + 7

몇십을 먼저 더하고 몇을 더해요.

= □

② 37 + 41

= □ + 7 + □ + 1

= □ + 8

= □

③ 23 + 54

= □ + 3 + □ + 4

= □ + 7

= □

④ 65 + 23

= 60 + □ + □ + 3

= □ + □

= □

⑤ 26 + 22

= □ + 6 + □ + 2

= □ + □

= □

⑥ 34 + 63

= □ + 4 + □ + 3

= □ + □

= □

⑦ 48 + 41

= □ + 8 + □ + 1

= □ + □

= □

⑧ 52 + 27

= 50 + □ + □ + 7

= □ + □

= □

46 더하는 수를 몇십과 몇으로 나누어 더하는 방법

집중 시간 3분

□ 안에 알맞은 수를 써넣으세요.

❶ $14 + 21$

$= 14 + 20 + \boxed{1}$

$= \boxed{34} + 1$

$= \boxed{}$

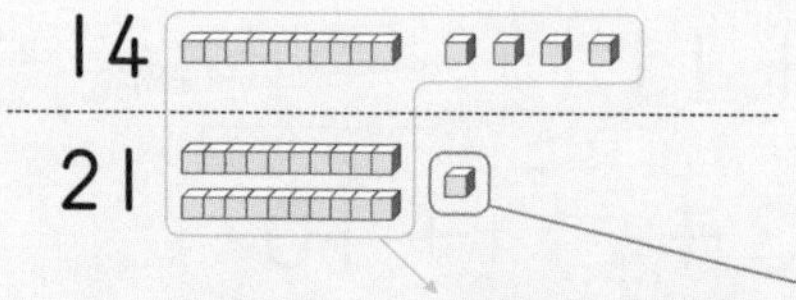

$14 + 21 = 14 + 20 + 1$

$= 34 + 1 = 35$

❷ $13 + 16$

$= 13 + 10 + \boxed{}$

$= \boxed{} + 6$

$= \boxed{}$

❸ $25 + 32$

$= 25 + 30 + \boxed{}$

$= \boxed{} + \boxed{}$

$= \boxed{}$

❹ $46 + 13$

$= 46 + 10 + \boxed{}$

$= \boxed{} + \boxed{}$

$= \boxed{}$

❺ $42 + 35$

$= 42 + \boxed{} + 5$

$= \boxed{} + 5$

$= \boxed{}$

❻ $52 + 43$

$= 52 + \boxed{} + 3$

$= \boxed{} + \boxed{}$

$= \boxed{}$

❼ $61 + 36$

$= 61 + \boxed{} + 6$

$= \boxed{} + \boxed{}$

$= \boxed{}$

❀ ☐ 안에 알맞은 수를 써넣으세요.

① 23 + 11

몇과 몇십으로 나누어요.

= 23 + ☐ 1 + 10

몇을 먼저 더해요.

= 24 + 10

몇십을 더해요.

= ☐

② 31 + 67

= 31 + ☐ + 60

= ☐ + 60

= ☐

③ 52 + 23

= 52 + ☐ + 20

= ☐ + ☐

= ☐

④ 64 + 24

= 64 + ☐ + 20

= ☐ + ☐

= ☐

⑤ 25 + 43

= 25 + 3 + ☐

= ☐ + ☐

= ☐

⑥ 42 + 56

= 42 + 6 + ☐

= ☐ + ☐

= ☐

⑦ 33 + 64

= 33 + 4 + ☐

= ☐ + ☐

= ☐

⑧ 78 + 11

= 78 + 1 + ☐

= ☐ + ☐

= ☐

47 생활 속 연산 – 덧셈

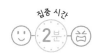

집중 시간 2분

그림을 보고 ☐ 안에 알맞은 수를 써넣으세요.

1

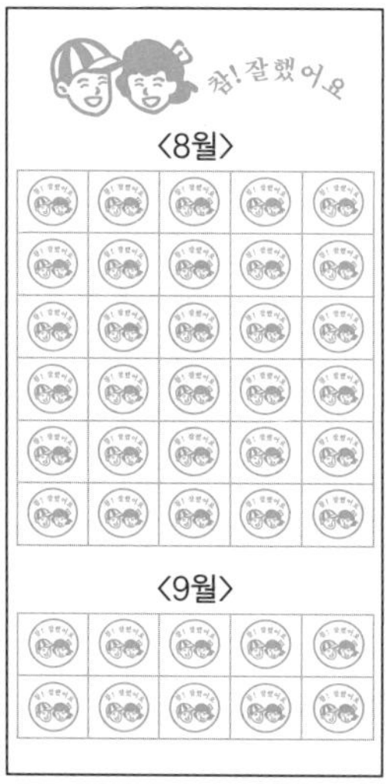

현민이는 8월에 칭찬 붙임딱지를 30장, 9월에 10장 모았습니다. 현민이가 8월과 9월에 모은 칭찬 붙임딱지는 모두 ☐장입니다.

2

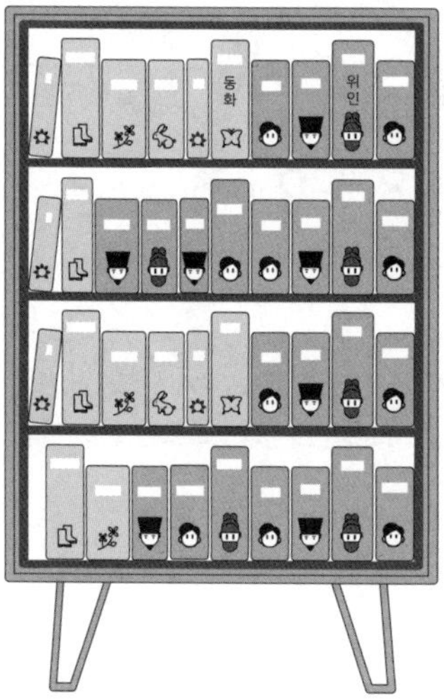

민지의 책장에는 위인전 23권과 동화책 16권이 꽂혀 있습니다. 민지의 책장에 꽂혀 있는 책은 모두 ☐권입니다.

3

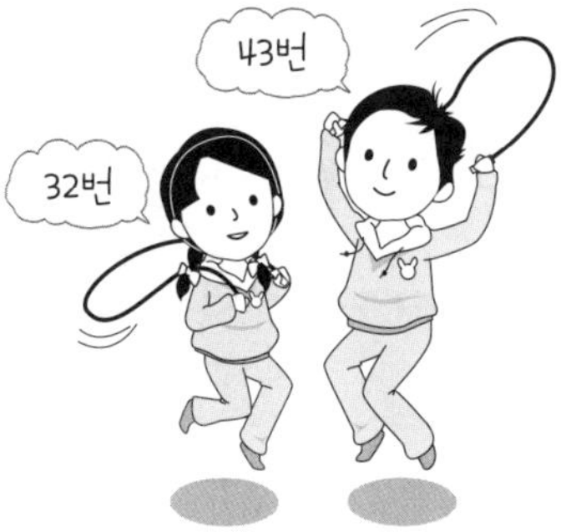

수민이는 줄넘기를 32번, 태민이는 43번 넘었습니다. 두 사람이 넘은 줄넘기는 모두 ☐번입니다.

�֍ 세 개의 문 가운데 계산 결과가 가장 큰 문을 열면 보물을 찾을 수 있어요. 계산을 하고,
보물이 숨겨진 문에 ◯를 하세요.

①

$$\begin{array}{r} 6\,1 \\ +\,1\,8 \\ \hline \end{array}$$
$$\begin{array}{r} 5\,6 \\ +\,3\,3 \\ \hline \end{array}$$
$$\begin{array}{r} 4\,2 \\ +\,3\,4 \\ \hline \end{array}$$

②

$24+63=$
$56+32=$
$68+21=$

③

$$\begin{array}{r} 4\,2 \\ +\,5\,7 \\ \hline \end{array}$$
$27+70=$
$$\begin{array}{r} 3\,2 \\ +\,6\,6 \\ \hline \end{array}$$

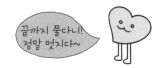

끝까지 풀다니!
정말 멋지다~

✂ ☐ 안에 알맞은 수를 써넣으세요.

①
$$\begin{array}{r} 3\,0 \\ +\ \ 8 \\ \hline \end{array}$$

②
$$\begin{array}{r} 7 \\ +4\,0 \\ \hline \end{array}$$

③
$$\begin{array}{r} 7\,3 \\ +\ \ 5 \\ \hline \end{array}$$

④
$$\begin{array}{r} 3 \\ +3\,6 \\ \hline \end{array}$$

⑤
$$\begin{array}{r} 5\,0 \\ +2\,0 \\ \hline \end{array}$$

⑥
$$\begin{array}{r} 6\,0 \\ +3\,4 \\ \hline \end{array}$$

⑦
$$\begin{array}{r} 3\,5 \\ +4\,3 \\ \hline \end{array}$$

⑧
$$\begin{array}{r} 8\,2 \\ +1\,6 \\ \hline \end{array}$$

⑨ $20 + 30 = \boxed{}$

⑩ $15 + 44 = \boxed{}$

⑪ $34 + 25 = \boxed{}$

⑫ $62 + 17 = \boxed{}$

⑬ $58 + 21 = \boxed{}$

⑭ $13 + 64 = \boxed{}$

⑮ 색종이를 경희는 43장, 진수는 26장 가지고 있습니다. 두 사람이 가지고 있는 색종이는 모두 ☐ 장입니다.

오늘 공부한
단계를 색칠해
보세요!

48

50

51

49

52

53

55

54

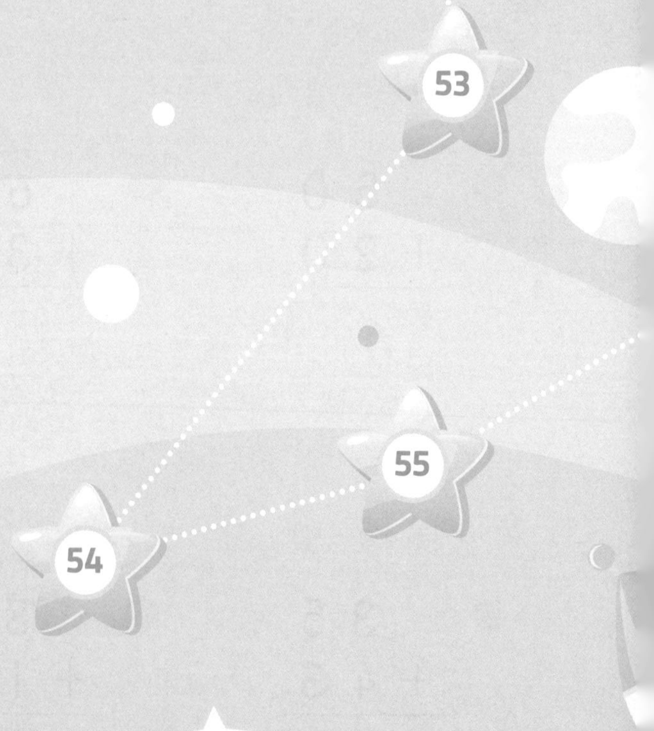

다섯째 마당

뺄셈

교과서 6. 덧셈과 뺄셈(3)

56

57

58

59

60

☆ 두 자리 수끼리의 뺄셈

일의 자리는 일의 자리 수끼리, 십의 자리는 십의 자리 수끼리 뺍니다.

① 세로로 계산하기

	십의 자리	일의 자리
	5	7
−	1	2
	4	5
	❷	❶

10개씩 묶음끼리, 낱개끼리 빼요!

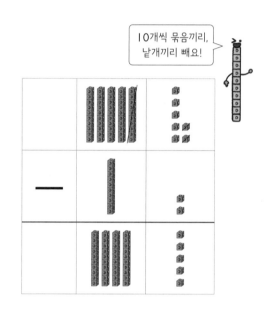

② 가로로 계산하기

❶ 일의 자리 수끼리 빼요.

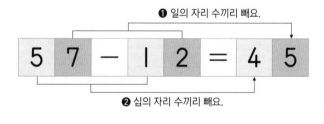

5 7 − 1 2 = 4 5

❷ 십의 자리 수끼리 빼요.

받아내림이 없으면 가로셈으로도 빨리 풀 수 있어요!

잠깐! 퀴즈

57−23을 계산할 때, 일의 자리 수인 7에서 어떤 수를 빼야 할까요?

① 2   ② 3

48 일의 자리 수끼리 빼고 십의 자리는 그대로!

집중 시간 2분

※ 뺄셈을 하세요.

	십	일		십	일		십	일
①	3	5	⑤	3	7	⑨	5	6
	−	1		−	2		−	3
	3	4						

❷ ❶ 5−1=4

②	2	9	⑥	7	6	⑩	8	9
	−	2		−	2		−	7

일의 자리부터 계산해요.

③	4	8	⑦	8	8	⑪	6	5
	−	5		−	2		−	3

④	7	7	⑧	4	6	⑫	9	7
	−	3		−	6		−	4

❀ 뺄셈을 하세요.

		⑩십	⑪일				⑩십	⑪일				⑩십	⑪일
①		3	6		⑤		4	8		⑨		6	8
	−		2			−		4			−		5
		3	4										

6−2=4

②		7	5		⑥		3	7		⑩		5	9
	−		3			−		4			−		4

③		4	9		⑦		6	7		⑪		8	4
	−		8			−		3			−		2

④		8	6		⑧		7	6		⑫		9	8
	−		4			−		3			−		2

49 같은 자리 수끼리 빼는 게 중요해

✂ 뺄셈을 하세요.

		십	일				십	일				십	일	
①		5	4		⑤		8	5		⑨		6	8	
	−		3			−		4			−		8	
②		4	5		⑥		6	7		⑩		9	9	
	−		3			−		4			−		2	
③		8	9		⑦		3	5		⑪		5	8	
	−		5			−		2			−		2	
④		7	8		⑧		7	8		⑫		9	7	
	−		3			−		7			−		3	

집중 시간
3분

❧ 세로셈으로 나타내고, 뺄셈을 하세요.

① 36−4

같은 자리 수끼리
줄을 맞추어 쓰고
계산해 보세요.

⑤ 15−4

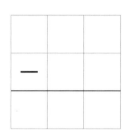

⑨ 78−4

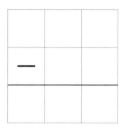

② 19−3

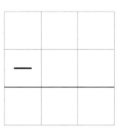

⑥ 26−2

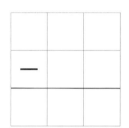

⑩ 86−5

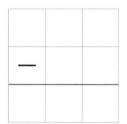

③ 47−5

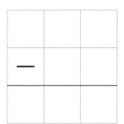

⑦ 38−4

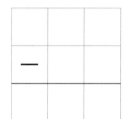

⑪ 69−7

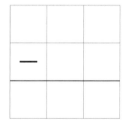

④ 65−1

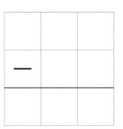

⑧ 57−2

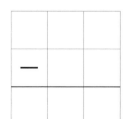

⑫ 96−3

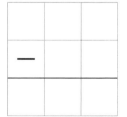

50 간단한 뺄셈은 가로셈으로 빠르게!

집중 시간 2분

✂️ 뺄셈을 하세요.

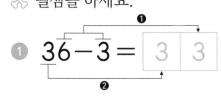

$$25-4 = \boxed{2\ 1}$$
❶ 5-4=1
❷

가로셈에서도 일의 자리 수끼리 배고,
십의 자리 수는 그대로 자리에 맞춰 써요.

② $18-3 = \boxed{}$ **⑦** $59-5 = \boxed{}$

③ $27-2 = \boxed{}$ **⑧** $68-4 = \boxed{}$

④ $65-3 = \boxed{}$ **⑨** $97-6 = \boxed{}$

⑤ $46-4 = \boxed{}$ **⑩** $78-2 = \boxed{}$

⑥ $54-1 = \boxed{}$ **⑪** $89-7 = \boxed{}$

빼셈을 하세요.

❶ 19－4＝

가로셈이 어려우면 세로셈으로 바꾸어 풀어도 좋아요.

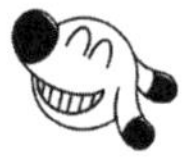

❷ 23－2＝

❸ 39－7＝

❹ 55－3＝

❺ 68－5＝

❻ 94－2＝

❼ 76－3＝

❽ 67－2＝

❾ 89－5＝

❿ 49－2＝

⓫ 47－4＝

⓬ 56－6＝

⓭ 78－2＝

⓮ 97－4＝

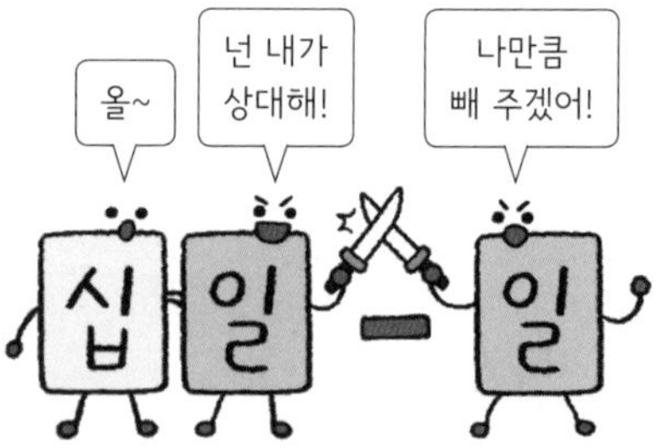

✂ 뺄셈을 하세요.

①　　　3 4
　　−　　 2

⑤　　　4 8
　　−　　 5

⑨ 59 − 6 =

②　　　2 8
　　−　　 2

⑥　　　7 5
　　−　　 3

⑩ 87 − 3 =

③　　　6 7
　　−　　 3

⑦　　　8 4
　　−　　 4

⑪ 79 − 8 =

④　　　5 9
　　−　　 8

⑧　　　6 6
　　−　　 3

⑫ 98 − 3 =

빈칸에 알맞은 수를 써넣으세요.

①

−		
38	5	
7		

38−5

38−7

②

−		
56	2	
4		

③

−		
79	6	
3		

④

−		
68	2	
6		

⑤

−		
95	3	
2		

⑥

−		
87	4	
6		

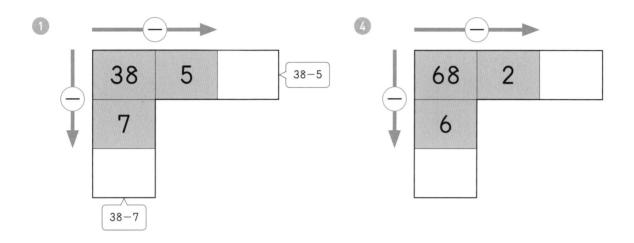

52 일의 자리 수끼리, 십의 자리 수끼리 빼자(1)

집중 시간
2분

✂ 뺄셈을 하세요.

	십	일
①	3	0
−	1	0
	2	*0*

30−10은
3−1처럼
쉬운 거예요.

3−1=2

②	4	0
−	1	0

③	7	0
−	2	0

④	5	6
−	3	0

5−3   6−0

	십	일
⑤	6	5
−	4	0

⑥	7	7
−	3	0

⑦	9	2
−	4	0

⑧	8	4
−	2	0

	십	일
⑨	5	9
−	4	0

⑩	3	8
−	2	0

⑪	8	3
−	5	0

⑫	9	6
−	3	0

집중 시간
2분

✂ 뺄셈을 하세요.

		십	일					십	일					십	일
❶		3	3			❺		5	4			❾		7	5
	−	2	1				−	1	2				−	7	3
		1	2												

조심! 십의 자리 계산 결과가
0이 나오면 0은 쓰지 않아요.

		십	일					십	일					십	일
❷		4	7			❻		9	6			❿		6	9
	−	1	4				−	3	1				−	4	6

		십	일					십	일					십	일
❸		8	4			❼		7	8			⓫		8	5
	−	2	3				−	2	4				−	3	2

		십	일					십	일					십	일
❹		4	9			❽		6	5			⓬		9	7
	−	1	7				−	5	2				−	5	3

집중 시간
2분

✽ 뺄셈을 하세요.

계산은 항상 나!
'자릿수'를 맞춰서 하는 거예요.

십의 자리 | 일의 자리 — 자릿수

		십	일
①		5	9
	−	2	5

		십	일
⑤		5	8
	−	3	3

		십	일
⑨		8	6
	−	7	4

		십	일
②		2	8
	−	1	6

		십	일
⑥		9	6
	−	2	5

		십	일
⑩		4	9
	−	4	2

십의 자리 계산 결과가
0이면 쓰지 않아요~

		십	일
③		7	3
	−	3	2

		십	일
⑦		6	4
	−	3	1

		십	일
⑪		9	7
	−	4	7

		십	일
④		4	8
	−	3	5

		십	일
⑧		7	9
	−	2	7

		십	일
⑫		9	5
	−	3	4

집중 시간 3분

세로셈으로 나타내고, 뺄셈을 하세요.

❶ 57−22

	5	7
−		2	2

❷ 48−26

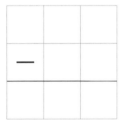

❸ 59−34

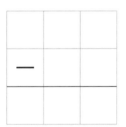

❹ 77−23

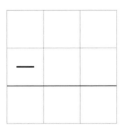

❺ 99−53

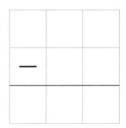

❻ 96−21

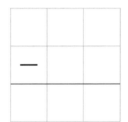

❼ 66−35

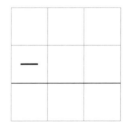

❽ 87−14

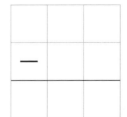

❾ 76−42

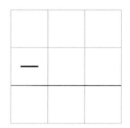

❿ 97−34

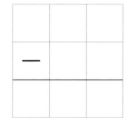

⓫ 89−32

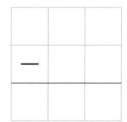

⓬ 98−65

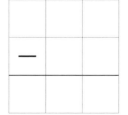

54 두 자리 수의 뺄셈을 가로셈으로 빠르게!

✂ 뺄셈을 하세요.

①
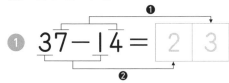

$37 - 14 = \boxed{2\ 3}$

❶ 5−1=4

$55 - 21 = \boxed{3\ 4}$

❷ 5−2=3

일의 자리 수끼리, 십의 자리 수끼리 계산해
자릿수에 맞춰 써요.

② $41 - 20 = \boxed{}$

⑦ $98 - 24 = \boxed{}$

③ $65 - 32 = \boxed{}$

⑧ $72 - 52 = \boxed{}$

④ $57 - 30 = \boxed{}$

⑨ $64 - 40 = \boxed{}$

⑤ $83 - 31 = \boxed{}$

⑩ $89 - 53 = \boxed{}$

⑥ $67 - 25 = \boxed{}$

⑪ $96 - 24 = \boxed{}$

집중 시간
3분

✖️ 뺄셈을 하세요.

① 39 − 16 =

⑥ 97 − 72 =

⑪ 87 − 23 =

② 27 − 12 =

⑦ 76 − 35 =

⑫ 59 − 46 =

③ 38 − 27 =

⑧ 65 − 22 =

⑬ 78 − 43 =

④ 55 − 34 =

⑨ 58 − 14 =

⑭ 69 − 45 =

⑤ 68 − 45 =

⑩ 94 − 52 =

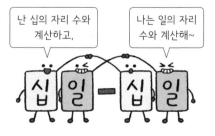

난 십의 자리 수와 계산하고,

나는 일의 자리 수와 계산해~

십 일 − 십 일

55 두 자리 수의 뺄셈 집중 연습

❊ 뺄셈을 하세요.

①
$$\begin{array}{r} 5\ 4 \\ -\ 3\ 2 \\ \hline \end{array}$$

⑤
$$\begin{array}{r} 4\ 9 \\ -\ 1\ 7 \\ \hline \end{array}$$

⑨ $38 - 20 =$

②
$$\begin{array}{r} 4\ 5 \\ -\ 2\ 3 \\ \hline \end{array}$$

⑥
$$\begin{array}{r} 6\ 7 \\ -\ 2\ 3 \\ \hline \end{array}$$

⑩ $98 - 45 =$

 어려운 문제는 ☆ 표시를 하고
꼭 한 번 더 푸세요.

③
$$\begin{array}{r} 6\ 6 \\ -\ 3\ 0 \\ \hline \end{array}$$

⑦
$$\begin{array}{r} 8\ 9 \\ -\ 3\ 2 \\ \hline \end{array}$$

⑪ $64 - 33 =$

④
$$\begin{array}{r} 8\ 6 \\ -\ 2\ 4 \\ \hline \end{array}$$

⑧
$$\begin{array}{r} 9\ 1 \\ -\ 4\ 1 \\ \hline \end{array}$$

⑫ $79 - 13 =$

집중 시간
2분

❀ 뺄셈을 하세요.

①
```
  4 2
- 2 1
```

⑤
```
  7 6
- 3 2
```

⑨ 40 − 40 =

0은 한 번만 써요.

40 − 40 = 0̶0̶ ➡ 0

②
```
  3 4
- 1 0
```

⑥
```
  9 8
- 2 1
```

⑩ 55 − 24 =

③
```
  6 6
- 4 6
```

⑦
```
  7 9
- 3 7
```

⑪ 87 − 53 =

조금만 더 힘을 내요!
두 자리 수 뺄셈을
뛰어 넘어 보세요~

④
```
  8 9
- 1 2
```

⑧
```
  9 5
- 7 3
```

⑫ 68 − 16 =

56 두 자리 수의 뺄셈을 완벽하게!

✂ 뺄셈을 하세요.

앗! 실수

①
$$\begin{array}{r} 4\ 9 \\ -\ 3\ 9 \\ \hline \end{array}$$

⑤
$$\begin{array}{r} 7\ 2 \\ -\ 4\ 0 \\ \hline \end{array}$$

⑨
$$\begin{array}{r} 8\ 7 \\ -\ 5\ 3 \\ \hline \end{array}$$

②
$$\begin{array}{r} 5\ 9 \\ -\ 2\ 5 \\ \hline \end{array}$$

⑥
$$\begin{array}{r} 8\ 5 \\ -\ 2\ 3 \\ \hline \end{array}$$

⑩
$$\begin{array}{r} 7\ 9 \\ -\ 1\ 6 \\ \hline \end{array}$$

③
$$\begin{array}{r} 8\ 3 \\ -\ 4\ 1 \\ \hline \end{array}$$

⑦
$$\begin{array}{r} 6\ 5 \\ -\ 3\ 4 \\ \hline \end{array}$$

⑪
$$\begin{array}{r} 6\ 7 \\ -\ 2\ 7 \\ \hline \end{array}$$

④
$$\begin{array}{r} 7\ 7 \\ -\ 2\ 4 \\ \hline \end{array}$$

⑧
$$\begin{array}{r} 9\ 6 \\ -\ 4\ 2 \\ \hline \end{array}$$

⑫
$$\begin{array}{r} 9\ 8 \\ -\ 9\ 3 \\ \hline \end{array}$$

🎲 가운데 수에서 바깥 수를 빼서 빈 곳에 알맞은 수를 써넣으세요.

①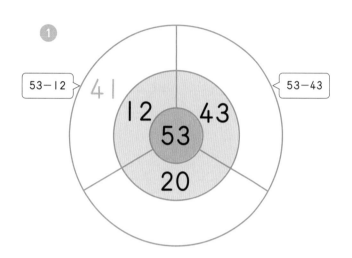

53−12 ▶ 41

53−43

3개의 뺄셈식을 만들어 계산해 보세요.

	5	3			5	3			5	3
−	1	2		−	4	3		−	2	0
	4	1			1	0			3	3

②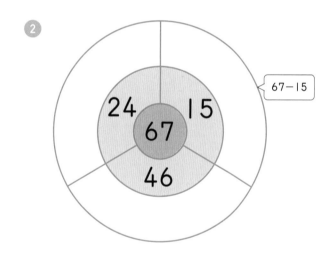

67−15

④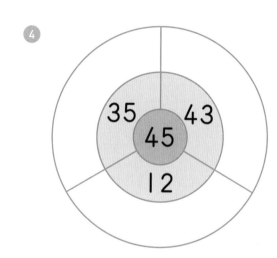

③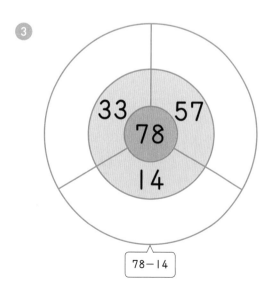

78−14

⑤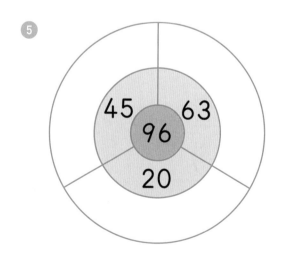

그림을 보고 뺄셈하기

그림을 보고 **뺄셈식**을 쓰세요.

> 5개씩, 10개씩 묶음으로 세면 빠르게 셀 수 있어요.

1

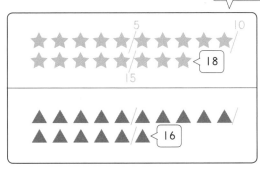

$$18 - 16 = \boxed{}$$

4

$$26 - \boxed{} = \boxed{}$$

2

$$27 - \boxed{} = \boxed{}$$

5

$$\boxed{} - 15 = \boxed{}$$

3

$$\boxed{} - 13 = \boxed{}$$

6

$$\boxed{} - \boxed{} = \boxed{}$$

✂️ 그림을 보고 뺄셈을 하세요.

①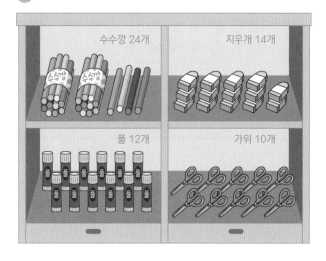

②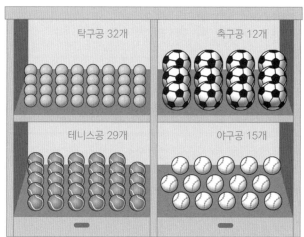

(1) 수수깡은 지우개보다 몇 개 더 많은지 뺄셈식을 쓰세요.

$$\boxed{} - \boxed{} = \boxed{}$$

(1) 탁구공은 축구공보다 몇 개 더 많은지 뺄셈식을 쓰세요.

$$\boxed{} - \boxed{} = \boxed{}$$

(2) 풀은 가위보다 몇 개 더 많은지 뺄셈식을 쓰세요.

$$\boxed{} - \boxed{} = \boxed{}$$

(2) 테니스공은 야구공보다 몇 개 더 많은지 뺄셈식을 쓰세요.

$$\boxed{} - \boxed{} = \boxed{}$$

(3) 12명이 지우개를 한 개씩 사 가면 지우개는 몇 개 남는지 뺄셈식을 쓰세요.

$$\boxed{} - \boxed{} = \boxed{}$$

(3) 야구공을 11개 사 가면 야구공은 몇 개 남는지 뺄셈식을 쓰세요.

$$\boxed{} - \boxed{} = \boxed{}$$

✂ □ 안에 알맞은 수를 써넣으세요.

① 47 − 25

$= 40 - 20 + \boxed{7} - \boxed{5}$

$= 20 + \boxed{2}$

$= \boxed{}$

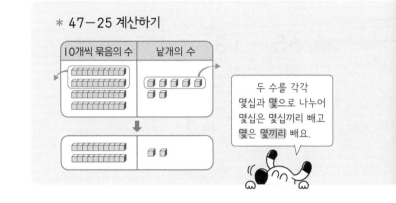

* 47−25 계산하기

10개씩 묶음의 수	낱개의 수

두 수를 각각
몇십과 몇으로 나누어
몇십은 몇십끼리 빼고
몇은 몇끼리 빼요.

② 58 − 17

$= 50 - 10 + \boxed{} - \boxed{}$

$= 40 + \boxed{}$

$= \boxed{}$

③ 69 − 24

$= 60 - 20 + \boxed{} - \boxed{}$

$= 40 + \boxed{}$

$= \boxed{}$

④ 78 − 42

$= 70 - 40 + \boxed{} - \boxed{}$

$= 30 + \boxed{}$

$= \boxed{}$

⑤ 59 − 36

$= 50 - 30 + \boxed{} - \boxed{}$

$= \boxed{} + \boxed{}$

$= \boxed{}$

⑥ 73 − 22

$= 70 - 20 + \boxed{} - \boxed{}$

$= \boxed{} + \boxed{}$

$= \boxed{}$

⑦ 85 − 22

$= 80 - 20 + \boxed{} - \boxed{}$

$= \boxed{} + \boxed{}$

$= \boxed{}$

집중 시간
3분

✂ □ 안에 알맞은 수를 써넣으세요.

① $65 - 13$
두 수를 각각 몇십과 몇으로 나누어요.

$= \boxed{60} - \boxed{10} + 5 - 3$

$= \boxed{50} + 2$

$= \boxed{}$

② $76 - 41$

$= \boxed{} - \boxed{} + 6 - 1$

$= \boxed{} + 5$

$= \boxed{}$

③ $95 - 32$

$= \boxed{} - \boxed{} + 5 - 2$

$= \boxed{} + 3$

$= \boxed{}$

④ $87 - 53$

$= \boxed{} - \boxed{} + 7 - 3$

$= \boxed{} + \boxed{}$

$= \boxed{}$

⑤ $48 - 31$

$= \boxed{} - \boxed{} + 8 - 1$

$= \boxed{} + \boxed{}$

$= \boxed{}$

⑥ $68 - 27$

$= \boxed{} - \boxed{} + 8 - 7$

$= \boxed{} + \boxed{}$

$= \boxed{}$

⑦ $98 - 44$

$= \boxed{} - \boxed{} + 8 - 4$

$= \boxed{} + \boxed{}$

$= \boxed{}$

⑧ $89 - 13$

$= \boxed{} - \boxed{} + 9 - 3$

$= \boxed{} + \boxed{}$

$= \boxed{}$

✂️ ☐ 안에 알맞은 수를 써넣으세요.

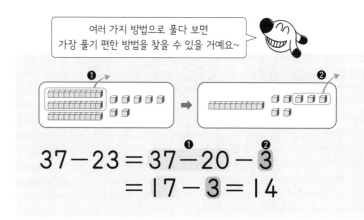

$$37 - 23 = 37 \overset{\text{❶}}{-} 20 - \overset{\text{❷}}{3}$$
$$= 17 - 3 = 14$$

① $37 - 23$

$= 37 - 20 - \boxed{3}$

$= \boxed{17} - 3$

$= \boxed{}$

② $58 - 32$

$= 58 - 30 - \boxed{}$

$= \boxed{} - 2$

$= \boxed{}$

⑤ $89 - 34$

$= 89 - \boxed{} - 4$

$= \boxed{} - 4$

$= \boxed{}$

③ $68 - 35$

$= 68 - 30 - \boxed{}$

$= \boxed{} - \boxed{}$

$= \boxed{}$

⑥ $73 - 42$

$= 73 - \boxed{} - 2$

$= \boxed{} - \boxed{}$

$= \boxed{}$

④ $84 - 41$

$= 84 - 40 - \boxed{}$

$= \boxed{} - \boxed{}$

$= \boxed{}$

⑦ $94 - 33$

$= 94 - \boxed{} - 3$

$= \boxed{} - \boxed{}$

$= \boxed{}$

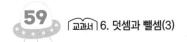

✂ ☐ 안에 알맞은 수를 써넣으세요.

① 49 − 35   〔몇과 몇십으로 나누어요.〕
= 49 − 5 − 30
= 44 − 30   〔몇을 먼저 뺀 다음!〕
=   ☐   〔몇십을 빼요.〕

② 46 − 24
= 46 − ☐ − 20
= ☐ − ☐
= ☐

③ 79 − 42
= 79 − ☐ − 40
= ☐ − ☐
= ☐

④ 98 − 54
= 98 − ☐ − 50
= ☐ − ☐
= ☐

⑤ 58 − 13
= 58 − 3 − ☐
= ☐ − 10
= ☐

⑥ 67 − 36
= 67 − 6 − ☐
= ☐ − ☐
= ☐

⑦ 87 − 25
= 87 − 5 − ☐
= ☐ − ☐
= ☐

⑧ 96 − 32
= 96 − 2 − ☐
= ☐ − ☐
= ☐

60 생활 속 연산 – 뺄셈

집중 시간 3분

그림을 보고 ☐ 안에 알맞은 수를 써넣으세요.

1 
마흔여섯
열하나
아버지
가은

가은이의 아버지는 마흔여섯 살,
가은이는 열한 살입니다. 가은이 아버지는
가은이보다 ☐ 살이 더 많습니다.

2 
○○버스

버스에 27명이 타고 있습니다.
이번 정류장에서 13명이 내리면
버스에 남은 사람은 ☐ 명입니다.

3 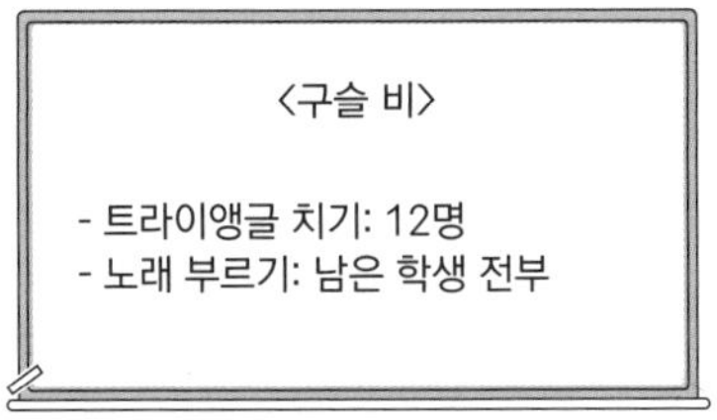
<구슬 비>
- 트라이앵글 치기: 12명
- 노래 부르기: 남은 학생 전부

시은이네 반 학생은 모두 33명입니다.
구슬 비 노래를 부르는 학생은 ☐ 명입니다.

✂ 친구들과 운동을 하다가 공을 잃어버렸어요. 뺄셈식의 계산 결과가 적힌 길을 따라가면
잃어버린 공을 찾을 수 있어요. 바르게 길을 따라간 다음, 잃어버린 공을 찾아 ◯를 하세요.

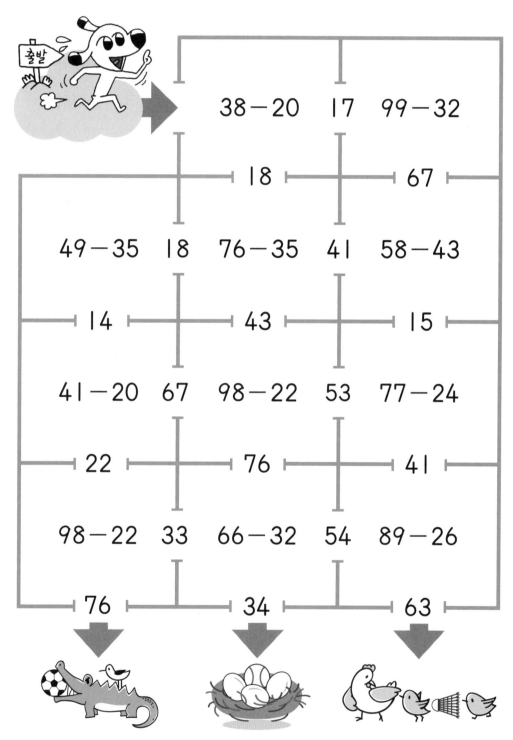

출발

38 − 20   17   99 − 32

18   67

49 − 35   18   76 − 35   41   58 − 43

14   43   15

41 − 20   67   98 − 22   53   77 − 24

22   76   41

98 − 22   33   66 − 32   54   89 − 26

76   34   63

여기까지 풀다니~
대단해!

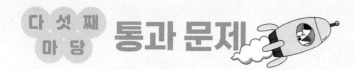
✂ ☐ 안에 알맞은 수를 써넣으세요.

1
$$\begin{array}{r} 3\ 8 \\ -\quad 5 \\ \hline \boxed{} \end{array}$$

2
$$\begin{array}{r} 7\ 5 \\ -\quad 5 \\ \hline \boxed{} \end{array}$$

3
$$\begin{array}{r} 4\ 6 \\ -\ 1\ 4 \\ \hline \boxed{} \end{array}$$

4
$$\begin{array}{r} 8\ 3 \\ -\ 3\ 0 \\ \hline \boxed{} \end{array}$$

5
$$\begin{array}{r} 5\ 9 \\ -\ 2\ 0 \\ \hline \boxed{} \end{array}$$

6
$$\begin{array}{r} 9\ 2 \\ -\ 4\ 2 \\ \hline \boxed{} \end{array}$$

7
$$\begin{array}{r} 4\ 7 \\ -\ 2\ 3 \\ \hline \boxed{} \end{array}$$

8
$$\begin{array}{r} 8\ 5 \\ -\ 5\ 4 \\ \hline \boxed{} \end{array}$$

9 $70 - 40 = \boxed{}$

10 $65 - 44 = \boxed{}$

11 $43 - 21 = \boxed{}$

12 $99 - 17 = \boxed{}$

13 $88 - 24 = \boxed{}$

14 $77 - 43 = \boxed{}$

15 검은 돌과 흰 돌이 모두 67개 있습니다. 그중 검은 돌이 24개일 때, 흰 돌은 ☐ 개입니다.

초등 수학 공부, 이렇게 하면 효과적!

"펑펑 내려야 눈이 쌓이듯 공부도 집중해야 실력이 쌓인다!"

학교 다닐 때는? 학기별 연산책 '바빠 교과서 연산'

'바빠 교과서 연산'부터 시작하세요. 학기별 진도에 딱 맞춘 쉬운 연산 책이니까요! 방학 동안 다음 학기 선행을 준비할 때도 '바빠 교과서 연산'으로 시작하세요! 교과서 순서대로 빠르게 공부할 수 있어, 첫 번째 수학 책으로 추천합니다.

시험이나 서술형 대비는? '나 혼자 푼다 바빠 수학 문장제'

학교 시험을 대비하고 싶다면 '나 혼자 푼다 수학 문장제'로 공부하세요. 너무 어렵지도 쉽지도 않은 딱 적당한 난이도로, 빈칸을 채우면 풀이 과정이 완성됩니다! 막막하지 않아요~ 요즘 학교 시험 풀이 과정을 손쉽게 연습할 수 있습니다.

방학 때는? 10일 완성 영역별 연산책 '바빠 연산법'

내가 부족한 영역만 골라 보충할 수 있어요! 예를 들어 4학년인데 나눗셈이 어렵다면 나눗셈만, 분수가 어렵다면 분수만 골라 훈련하세요. 방학 때나 학습 결손이 생겼을 때, 취약한 연산 구멍을 빠르게 메꿀 수 있어요!

바빠 연산 영역 :
덧셈, 뺄셈, 구구단, 시계와 시간, 길이와 시간 계산, 곱셈, 나눗셈, 약수와 배수, 분수, 소수, 자연수의 혼합 계산, 분수와 소수의 혼합 계산, 평면도형 계산, 입체도형 계산, 비와 비례, 방정식, 확률과 통계

바빠 시리즈 초등 학년별 추천 도서

학년	학기별 연산책 바빠 교과서 연산 학기 중, 선행용으로 추천!	나 혼자 푼다 바빠 수학 문장제 학교 시험 서술형 완벽 대비!
1학년	·바빠 교과서 연산 1-1 ·바빠 교과서 연산 1-2	·나 혼자 푼다 바빠 수학 문장제 1-1 ·나 혼자 푼다 바빠 수학 문장제 1-2
2학년	·바빠 교과서 연산 2-1 ·바빠 교과서 연산 2-2	·나 혼자 푼다 바빠 수학 문장제 2-1 ·나 혼자 푼다 바빠 수학 문장제 2-2
3학년	·바빠 교과서 연산 3-1 ·바빠 교과서 연산 3-2	·나 혼자 푼다 바빠 수학 문장제 3-1 ·나 혼자 푼다 바빠 수학 문장제 3-2
4학년	·바빠 교과서 연산 4-1 ·바빠 교과서 연산 4-2	·나 혼자 푼다 바빠 수학 문장제 4-1 ·나 혼자 푼다 바빠 수학 문장제 4-2
5학년	·바빠 교과서 연산 5-1 ·바빠 교과서 연산 5-2	·나 혼자 푼다 바빠 수학 문장제 5-1 ·나 혼자 푼다 바빠 수학 문장제 5-2
6학년	·바빠 교과서 연산 6-1 ·바빠 교과서 연산 6-2	·나 혼자 푼다 바빠 수학 문장제 6-1 ·나 혼자 푼다 바빠 수학 문장제 6-2

'바빠 교과서 연산'과 '나 혼자 문장제'를 함께 풀면 한 학기 수학 완성!

이번 학기 공부 습관을 만드는 첫 연산 책!

새 교육과정 반영

바쁜 친구들이 즐거워지는
빠른 학습법

바빠 교과서 연산

1-2

✓ 정답 및 풀이

이지스에듀

이번 학기
공부 습관을 만드는
첫 연산 책!

01 99까지의 수 쓰고 읽기

침흥시간 2분

※ □ 안에 알맞은 수를 써넣으세요.

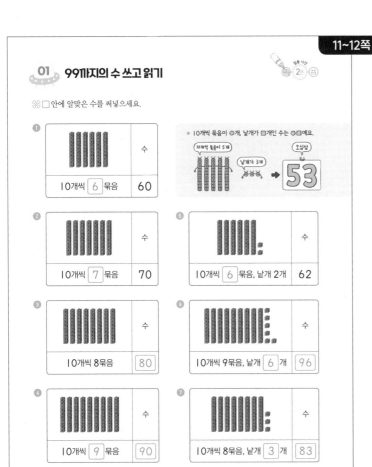

❶ 10개씩 6 묶음 → 수 60

* 10개씩 묶음이 ⏀개, 낱개가 ⏀개인 수는 ⏀⏀예요.
10개씩 묶음이 5개 / 낱개가 3개 → 오십삼 53

❷ 10개씩 7 묶음 → 수 70

❺ 10개씩 6 묶음, 낱개 2개 → 수 62

❸ 10개씩 8묶음 → 수 80

❻ 10개씩 9묶음, 낱개 6 개 → 수 96

❹ 10개씩 9 묶음 → 수 90

❼ 10개씩 8묶음, 낱개 3 개 → 수 83

※ 수 모형이 나타내는 수를 쓰고, 읽어 보세요.

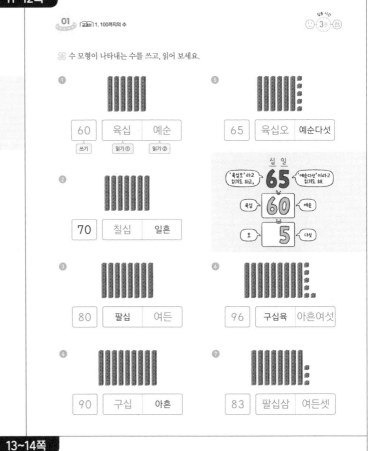

❶ 60 / 육십 / 예순 (쓰기 / 읽기① / 읽기②)

❺ 65 / 육십오 / 예순다섯

❷ 70 / 칠십 / 일흔

십 일 **65** / '육십오'라고 읽기도 하고, '예순다섯'이라고 읽기도 해.
육십 **60** 예순 / 오 **5** 다섯

❸ 80 / 팔십 / 여든

❻ 96 / 구십육 / 아흔여섯

❹ 90 / 구십 / 아흔

❼ 83 / 팔십삼 / 여든셋

02 10개씩 묶음과 낱개를 수로 나타내면?

침흥시간 3분

※ 빈칸에 알맞은 수를 쓰고, 바르게 읽어 보세요.

❶ 10개씩 묶음 8 → 80 (쓰기) / 팔십 (읽기①) / 여든 (읽기②)

❺ 10개씩 묶음 9, 낱개 1 → 91 / 구십일 / 아흔하나

❷ 10개씩 묶음 6, 낱개 3 → 63 / 육십삼 / 예순셋

❻ 10개씩 묶음 7, 낱개 6 → 76 / 칠십육 / 일흔여섯

❸ 10개씩 묶음 7, 낱개 8 → 78 / 칠십팔 / 일흔여덟

❼ 10개씩 묶음 6, 낱개 9 → 69 / 육십구 / 예순아홉

❹ 10개씩 묶음 8, 낱개 4 → 84 / 팔십사 / 여든넷

❽ 10개씩 묶음 9, 낱개 7 → 97 / 구십칠 / 아흔일곱

※ 수를 두 가지 방법으로 읽어 보세요.

❶

수	61	62	63	64	65
읽기	육십일	육십이	육십삼	육십사	육십오
	예순하나	예순둘	예순셋	예순넷	예순다섯

❷

수	75	76	77	78	79
읽기	칠십오	칠십육	칠십칠	칠십팔	칠십구
	일흔다섯	일흔여섯	일흔일곱	일흔여덟	일흔아홉

❸

수	83	84	85	86	87
읽기	팔십삼	팔십사	팔십오	팔십육	팔십칠
	여든셋	여든넷	여든다섯	여든여섯	여든일곱

❹

수	94	95	96	97	98
읽기	구십사	구십오	구십육	구십칠	구십팔
	아흔넷	아흔다섯	아흔여섯	아흔일곱	아흔여덟

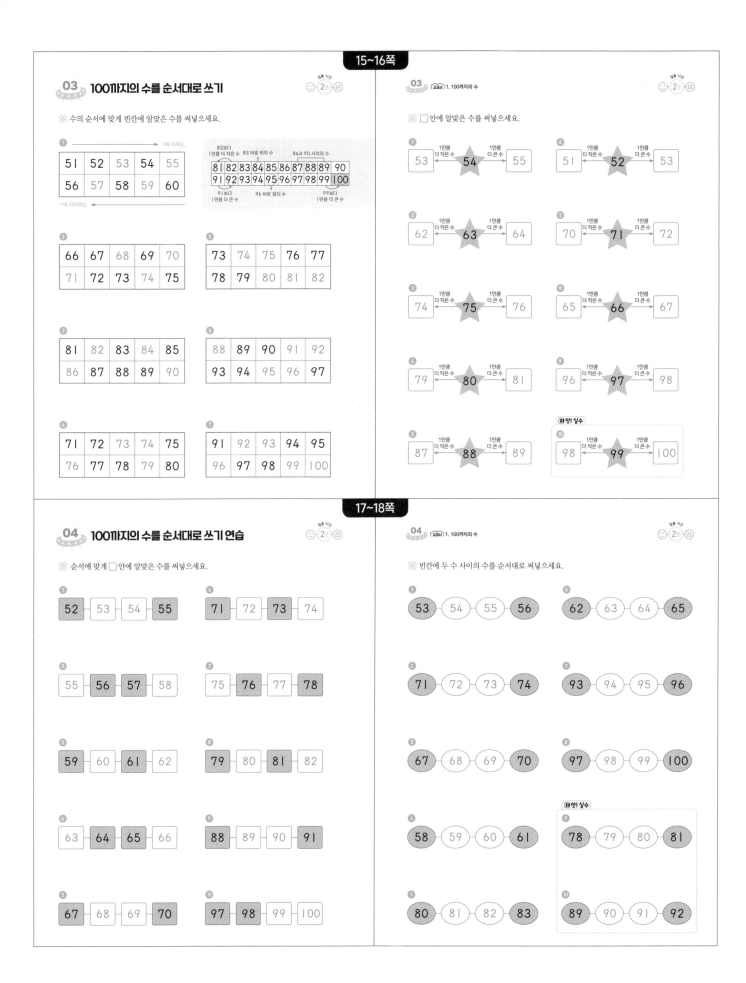

03 100까지의 수를 순서대로 쓰기

※ 수의 순서에 맞게 빈칸에 알맞은 수를 써넣으세요.

03 1. 100까지의 수

※ □ 안에 알맞은 수를 써넣으세요.

04 100까지의 수를 순서대로 쓰기 연습

※ 순서에 맞게 □안에 알맞은 수를 써넣으세요.

04 1. 100까지의 수

※ 빈칸에 두 수 사이의 수를 순서대로 써넣으세요.

05 어떤 수가 더 클까?

※ □ 안에 알맞은 수를 써넣으세요.

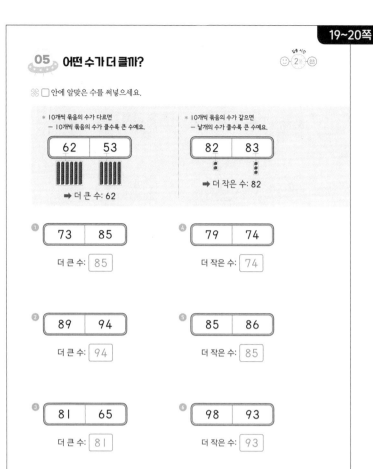

* 10개씩 묶음의 수가 다르면
  — 10개씩 묶음의 수가 클수록 큰 수예요.

62	53

➡ 더 큰 수: 62

* 10개씩 묶음의 수가 같으면
  — 낱개의 수가 클수록 큰 수예요.

82	83

➡ 더 작은 수: 82

❶
73	85

더 큰 수: 85

❹
79	74

더 작은 수: 74

❷
89	94

더 큰 수: 94

❺
85	86

더 작은 수: 85

❸
81	65

더 큰 수: 81

❻
98	93

더 작은 수: 93

---

05 교과서 1. 100까지의 수

※ 두 수의 크기를 비교하여 알맞은 말에 ○표 하고, ○ 안에 >, < 중 알맞은 것을 써넣으세요.

❶ 54는 72보다 ((작습니다), 큽니다).

➡ 54 < 72

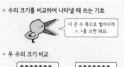

* 수의 크기를 비교하여 나타낼 때 쓰는 기호
  더 큰 수 쪽으로 벌어지게 >, <를 쓰면 돼요.

* 두 수의 크기 비교

66	<	68

• 66은 68보다 작습니다. ➡ 66 < 68
• 68은 66보다 큽니다. ➡ 68 > 66

❷ 60은 59보다 (작습니다 ,(큽니다)).

➡ 60 > 59

❸ 71은 80보다 ((작습니다), 큽니다).

➡ 71 < 80

❻ 53은 57보다 ((작습니다), 큽니다).

➡ 53 < 57

❹ 87은 86보다 (작습니다 ,(큽니다)).

➡ 87 > 86

❼ 76은 67보다 (작습니다 ,(큽니다)).

➡ 76 > 67

❺ 68은 83보다 ((작습니다), 큽니다).

➡ 68 < 83

❽ 95는 93보다 (작습니다 ,(큽니다)).

➡ 95 > 93

---

06 가장 큰 수와 가장 작은 수를 찾아라!!

※ 가장 큰 수에 ○표, 가장 작은 수에 △표 하세요.

❶
6, 5, 7 중 가장 큰 수?
62	56	(70)

세 수를 비교할 때도
10개씩 묶음의 수부터 비교해요.

❹
59	△54	(80)

내가 가장 커!
59 54 < 80
4보다 내가 더 커
59 > 54

❷
(81)	△66	71

❺
(84)	△62	65

❸
△73	85	(94)

❼
△73	(91)	78

❹
68	△64	(76)

❽
67	(69)	△62

❺
(84)	△62	65

❾
△82	85	(87)

---

06 교과서 1. 100까지의 수

※ 세 수의 크기를 비교하여 □ 안에 작은 수부터 차례대로 써넣으세요.

❶
51	81	71

➡ 51 , 71 , 81
   가장 작은 수   가장 큰 수

❺
63	68	66

➡ 63 , 66 , 68

❷
55	49	78

➡ 49 , 55 , 78

❻
98	92	96

➡ 92 , 96 , 98

❸
71	90	82

➡ 71 , 82 , 90

❼
72	67	70

➡ 67 , 70 , 72

❹
54	57	52

➡ 52 , 54 , 57

❽
85	69	78

➡ 69 , 78 , 85

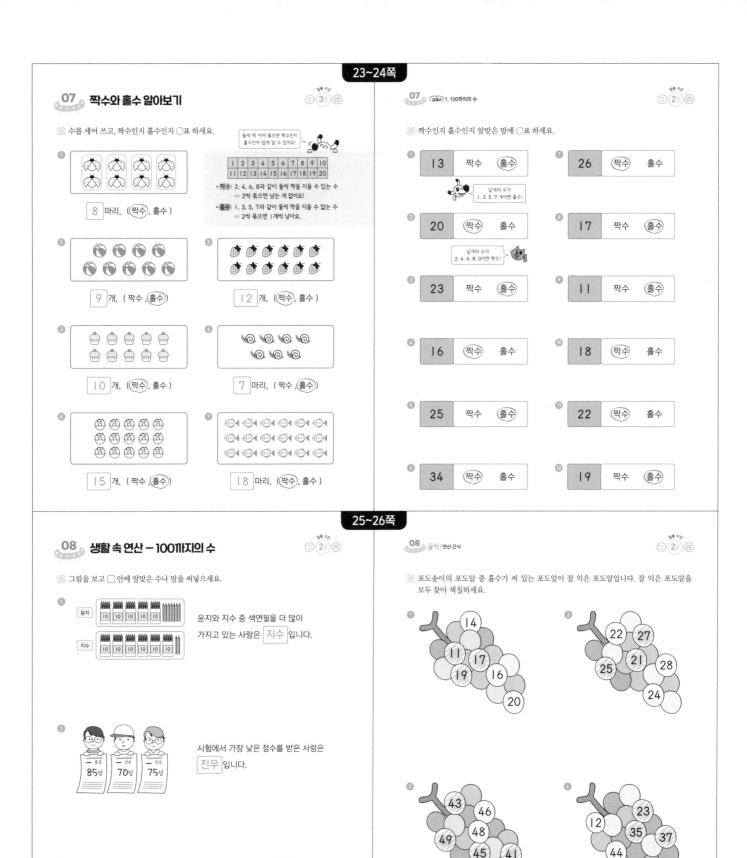

07 짝수와 홀수 알아보기

수를 세어 쓰고, 짝수인지 홀수인지 ○표 하세요.

둘씩 짝 지어 묶으면 짝수인지 홀수인지 쉽게 알 수 있어요!

| 1 | 2 | 3 | 4 | 5 | 6 | 7 | 8 | 9 | 10 |
| 11 | 12 | 13 | 14 | 15 | 16 | 17 | 18 | 19 | 20 |

• 짝수: 2, 4, 6, 8과 같이 둘씩 짝을 지을 수 있는 수
  ➡ 2씩 묶으면 남는 게 없어요!
• 홀수: 1, 3, 5, 7과 같이 둘씩 짝을 지을 수 없는 수
  ➡ 2씩 묶으면 1개씩 남아요.

① 8 마리, ((짝수), 홀수)

② 9 개, (짝수, (홀수))

③ 10 개, ((짝수), 홀수)

④ 15 개, (짝수, (홀수))

⑤ 12 개, ((짝수), 홀수)

⑥ 7 마리, (짝수, (홀수))

⑦ 18 마리, ((짝수), 홀수)

---

07 [교과서] 1. 100까지의 수

짝수인지 홀수인지 알맞은 말에 ○표 하세요.

① 13   짝수   (홀수)

날개의 수가 1, 3, 5, 7, 9이면 홀수!

② 20   (짝수)   홀수

날개의 수가 2, 4, 6, 8, 0이면 짝수!

③ 23   짝수   (홀수)

④ 16   (짝수)   홀수

⑤ 25   짝수   (홀수)

⑥ 34   (짝수)   홀수

⑦ 26   (짝수)   홀수

⑧ 17   짝수   (홀수)

⑨ 11   짝수   (홀수)

⑩ 18   (짝수)   홀수

⑪ 22   (짝수)   홀수

⑫ 19   짝수   (홀수)

---

08 생활 속 연산 - 100까지의 수

그림을 보고 □ 안에 알맞은 수나 말을 써넣으세요.

① 윤지 / 지수

윤지와 지수 중 색연필을 더 많이 가지고 있는 사람은 지수 입니다.

② 준호 85점 / 진우 70점 / 인규 75점

시험에서 가장 낮은 점수를 받은 사람은 진우 입니다.

③ 한 박스에 도넛은 모두 20 개 있습니다.
도넛의 수는 둘씩 짝을 지을 수 있으므로 짝 수입니다.

짝수인지 홀수인지 쓰세요.

---

08 꿀꺽! 연산 간식

포도송이의 포도알 중 홀수가 써 있는 포도알이 잘 익은 포도알입니다. 잘 익은 포도알을 모두 찾아 색칠하세요.

① 14, 11, 17, 19, 16, 20

③ 22, 27, 25, 21, 28, 24

② 43, 46, 49, 48, 45, 41

④ 12, 23, 35, 37, 44, 13

첫째마당 통과 문제 🚀

※ 틀린 문제는 꼭 다시 확인하고 넘어가요!

※ □ 안에 알맞은 수나 말을 써넣으세요.

1차시
❶

쓰기 `60`

읽기 `육십`, `예순`

1차시
❷

쓰기 `80`

읽기 `팔십`, `여든`

3차시
❸ 1씩 커져요. →

51	52	53	54	55
56	57	58	59	60

← 1씩 작아져요.

4차시
❹ `42` `43` `44` `45`
1씩 커져요. →

4차시
❺ `75` `76` `77` `78`
1씩 커져요. →

5차시
❻

56	53

더 큰 수: `56`

5차시
❼

84	92

더 작은 수: `84`

6차시
❽

67 78 63 93 88

· 가장 큰 수: `93`

· 가장 작은 수: `63`

7차시
❾

12	9

짝수: `12`

7차시
❿

18	13

홀수: `13`

첫째 마당 정복!
둘째 마당으로 가 보자고

---

09 세 수의 덧셈은 앞에서부터 두 수씩 더하자

목표 시간 😊 `2`분 😫

※ 세 수의 덧셈을 하세요.

❶ $3+1+2=$ `6`

```
  3        4
+ 1      + 2
  4        6
```
❶ 앞의 두 수 먼저! ❷ 남은 수를 더해요.

❷ $2+2+1=$ `5`
```
  2        4
+ 2      + 1
  4        5
```

❸ $2+1+3=$ `6`
```
  2        3
+ 1      + 3
  3        6
```

❹ $3+2+2=$ `7`
```
  3        5
+ 2      + 2
  5        7
```

* $3+1+2$ 계산하기

세 수의 덧셈은
두 수의 덧셈을 2번 이어서 하는 것과 같아요.

❺ $5+1+2=$ `8`
```
  5        6
+ 1      + 2
  6        8
```

❻ $4+3+1=$ `8`
```
  4        7
+ 3      + 1
  7        8
```

❼ $6+0+3=$ `9`
```
  6        6
+ 0      + 3
  6        9
```

---

09 [교과서] 2. 덧셈과 뺄셈(1)

목표 시간 😊 `2`분 😫

※ 세 수의 덧셈을 하세요.

❶ $2+3+4=$ `9`
```
  2        5
+ 3      + 4
  5        9
```

❷ $1+4+2=$ `7`
```
  1        5
+ 4      + 2
  5        7
```

❸ $3+5+1=$ `9`
```
  3        8
+ 5      + 1
  8        9
```

❹ $5+2+1=$ `8`
```
  5        7
+ 2      + 1
  7        8
```

❺ $3+1+3=$ `7`
```
  3        4
+ 1      + 3
  4        7
```

❻ $2+5+2=$ `9`
```
  2        7
+ 5      + 2
  7        9
```

❼ $4+2+3=$ `9`
```
  4        6
+ 2      + 3
  6        9
```

❽ $3+3+2=$ `8`
```
  3        6
+ 3      + 2
  6        8
```

10 간단한 세 수의 덧셈은 가로셈으로 빠르게

※ 세 수의 덧셈을 하세요.

①  1 + 2 + 2 = 5
3
5

세 수의 덧셈은 순서를 바꾸어 더해도 돼요!

⑤ 1 + 2 + 2 = 5
4
5

② 3 + 1 + 1 = 5
4
5

⑥ 3 + 1 + 1 = 5
2
5

③ 5 + 1 + 2 = 8
6
8

⑦ 5 + 1 + 2 = 8
3
8

④ 6 + 2 + 1 = 9
8
9

⑧ 6 + 2 + 1 = 9
3
9

10 교과서 2. 덧셈과 뺄셈(1)

※ 세 수의 덧셈을 하세요.

① 4 + 1 + 2 = 7

⑦ 1 + 5 + 3 = 9

② 3 + 2 + 1 = 6

⑧ 7 + 1 + 1 = 9

③ 5 + 2 + 1 = 8

⑨ 3 + 2 + 2 = 7

④ 4 + 2 + 3 = 9

⑩ 2 + 6 + 1 = 9

⑤ 3 + 3 + 3 = 9

⑪ 5 + 0 + 3 = 8

⑥ 4 + 3 + 1 = 8

11 세 수의 뺄셈은 반드시 앞에서부터!

※ 세 수의 뺄셈을 하세요.

① 5 − 2 − 2 = 1
5 − 2 = 3
3 − 2 = 1
❶ 앞의 두 수 먼저! ❷ 남은 수를 빼요~

※ 5−2−1 계산하기

5−2=3
3−1=2

세 수의 뺄셈은 앞에서부터 차례대로 두 수씩 빼요.

② 6 − 3 − 2 = 1
6 − 3 = 3
3 − 2 = 1

⑤ 8 − 1 − 4 = 3
8 − 1 = 7
7 − 4 = 3

③ 7 − 4 − 1 = 2
7 − 4 = 3
3 − 1 = 2

⑥ 8 − 2 − 1 = 5
8 − 2 = 6
6 − 1 = 5

④ 9 − 2 − 4 = 3
9 − 2 = 7
7 − 4 = 3

⑦ 9 − 2 − 3 = 4
9 − 2 = 7
7 − 3 = 4

11 교과서 2. 덧셈과 뺄셈(1)

※ 세 수의 뺄셈을 하세요.

① 7 − 2 − 3 = 2
7 − 2 = 5
5 − 3 = 2

⑤ 5 − 1 − 2 = 2
5 − 1 = 4
4 − 2 = 2

② 6 − 1 − 4 = 1
6 − 1 = 5
5 − 4 = 1

⑥ 8 − 2 − 3 = 3
8 − 2 = 6
6 − 3 = 3

③ 8 − 2 − 2 = 4
8 − 2 = 6
6 − 2 = 4

⑦ 6 − 3 − 1 = 2
6 − 3 = 3
3 − 1 = 2

④ 7 − 3 − 1 = 3
7 − 3 = 4
4 − 1 = 3

⑧ 9 − 1 − 4 = 4
9 − 1 = 8
8 − 4 = 4

12 간단한 세 수의 뺄셈은 가로셈으로 빠르게

❀ 세 수의 뺄셈을 하세요.

❶ 5 − 3 − 1 = 1
　2
　1

먼저 앞의 두 수를 뺀 다음 나머지 한 수를 빼요!

❷ 6 − 2 − 3 = 1
　4
　1

❸ 8 − 1 − 2 = 5
　7
　5

❹ 9 − 4 − 2 = 3
　5
　3

❺ 6 − 1 − 2 = 3
　5
　3

❻ 7 − 4 − 2 = 1
　3
　1

❼ 8 − 5 − 1 = 2
　3
　2

❽ 9 − 2 − 5 = 2
　7
　2

---

12 교과서 2. 덧셈과 뺄셈(1)

❀ 세 수의 뺄셈을 하세요.

❶ 6 − 4 − 1 = 1

❷ 7 − 1 − 3 = 3

❸ 9 − 1 − 7 = 1

❹ 8 − 2 − 5 = 1

❺ 9 − 3 − 2 = 4

❻ 8 − 4 − 4 = 0

❼ 8 − 3 − 2 = 3

❽ 7 − 4 − 3 = 0

❾ 7 − 5 − 1 = 1

❿ 9 − 2 − 6 = 1

⓫ 8 − 5 − 3 = 0

뺄셈은 꼭 순서대로 풀어요.

8 − 5 − 3 = 6
　　6

앞에서부터 차례대로 계산하지 않으면 답이 틀려요!

---

13 10이 되는 더하기

❀ 그림을 보고 덧셈식을 완성하세요.

❶ 2 + 8 = 10

❷ 3 + 7 = 10
3과 더해서 10이 되는 수는?

❸ 4 + 6 = 10

❹ 5 + 5 = 10

❺ 4 + 6 = 10
6과 더해서 10이 되는 수는?

❻ 8 + 2 = 10

❼ 7 + 3 = 10

❽ 9 + 1 = 10

---

13 교과서 2. 덧셈과 뺄셈(1)

❀ 그림을 보고 □ 안에 알맞은 수를 써넣으세요.

❶ 3 ... 7
0 1 2 3 4 5 6 7 8 9 10
3 + 7 = 10
눈금 3에서 오른쪽으로 7만큼 더 가서 10이 되었어요

❷ 7 ... 3
0 1 2 3 4 5 6 7 8 9 10
7 + 3 = 10

❸ 5 ... 5
0 1 2 3 4 5 6 7 8 9 10
5 + 5 = 10

❹ 8 ... 2
0 1 2 3 4 5 6 7 8 9 10
8 + 2 = 10

❺ 4 ... 6
0 1 2 3 4 5 6 7 8 9 10
4 + 6 = 10

❻ 9 ... 1
0 1 2 3 4 5 6 7 8 9 10
9 + 1 = 10

14 10이 되는 더하기 연습

14

※ □안에 알맞은 수를 써넣으세요.

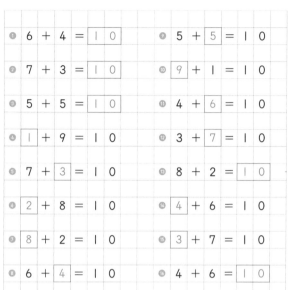

① 6 + 4 = 1 0   ⑨ 5 + 5 = 1 0

② 7 + 3 = 1 0   ⑩ 9 + 1 = 1 0

③ 5 + 5 = 1 0   ⑪ 4 + 6 = 1 0

④ 1 + 9 = 1 0   ⑫ 3 + 7 = 1 0

⑤ 7 + 3 = 1 0   ⑬ 8 + 2 = 1 0

⑥ 2 + 8 = 1 0   ⑭ 4 + 6 = 1 0

⑦ 8 + 2 = 1 0   ⑮ 3 + 7 = 1 0

⑧ 6 + 4 = 1 0   ⑯ 4 + 6 = 1 0

합이 10인 짝꿍 수

1 9 2 8 3 7 4 6 5 5

---

14 교과서 2. 덧셈과 뺄셈(1)

※ □안에 알맞은 수를 써넣으세요.

① 1 + 9 = 10   ⑨ 9 + 1 = 10

② 2 + 8 = 10   ⑩ 3 + 7 = 10

③ 4 + 6 = 10   ⑪ 5 + 5 = 10

④ 5 + 5 = 10   ⑫ 8 + 2 = 10

⑤ 2 + 8 = 10   ⑬ 6 + 4 = 10

⑥ 4 + 6 = 10   ⑭ 7 + 3 = 10

⑦ 9 + 1 = 10

⑧ 5 + 5 = 10

더해서 10이 되는 두 수는 외워두면 편해요!

10

---

15 10에서 빼기

※ 그림을 보고 뺄셈식을 완성하세요.

지우고 남은 아이스크림 수를 세어 보세요.

① 10 - 2 = 8   ⑤ 10 - 6 = 4

② 10 - 3 = 7   ⑥ 10 - 7 = 3

③ 10 - 4 = 6   ⑦ 10 - 8 = 2

④ 10 - 5 = 5   ⑧ 10 - 9 = 1

---

15 교과서 2. 덧셈과 뺄셈(1)

※ 그림을 보고 □안에 알맞은 수를 써넣으세요.

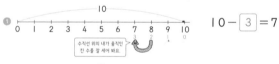
수직선 위의 내가 움직인 칸 수를 잘 세어 봐요.

① 10 - 3 = 7

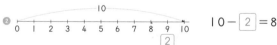

② 10 - 2 = 8
2

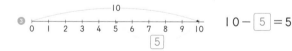

③ 10 - 5 = 5
5

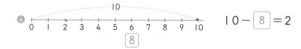

④ 10 - 8 = 2
8

⑤ 10 - 4 = 6
4

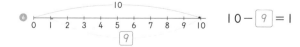

⑥ 10 - 9 = 1
9

16 **10에서 빼기 연습**

※ □안에 알맞은 수를 써넣으세요.

❶	1 0 − 6 = 4		❿	1 0 − 4 = 6
❷	1 0 − 3 = 7		⓫	1 0 − 5 = 5
❸	1 0 − 9 = 1		⓬	1 0 − 6 = 4
❹	1 0 − 2 = 8		⓭	1 0 − 2 = 8
❺	1 0 − 4 = 6		⓮	1 0 − 7 = 3
❻	1 0 − 7 = 3		⓯	1 0 − 1 = 9
❼	1 0 − 1 = 9		⓰	1 0 − 8 = 2
❽	1 0 − 8 = 2		⓱	1 0 − 3 = 7
❾	1 0 − 5 = 5		⓲	1 0 − 9 = 1

 16 교과서 2. 덧셈과 뺄셈(1)

※ □안에 알맞은 수를 써넣으세요.

❶ 10−5 = 5   ❽ 10− 3 =7

❷ 10−4 = 6   ❾ 10−2 = 8

❸ 10−3 = 7   ❿ 10−7 = 3

❹ 10−1 = 9   ⓫ 10− 9 =1

❺ 10− 4 =6   ⓬ 10− 2 =8

❻ 10− 5 =5   **앗! 실수**
             ⓭ 10− 7 =3

❼ 10− 8 =2   ⓮ 10− 6 =4

---

17 **10을 만들어 세 수 쉽게 더하기(1)**

※ 합이 10이 되는 두 수를 먼저 더하고, 나머지 수를 더하여 세 수의 합을 구하세요.

❶ ⑦+③+2
= 10 +2
= 12

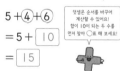
합이 10이 되는
두 수를 찾아
○표 해 보세요~

❺ ④+⑥+7
= 10 +7
= 17

❷ ②+⑧+6
= 10 +6
= 16

❻ ③+⑦+1
= 10 +1
= 11

❸ ⑥+④+3
= 10 +3
= 13

❼ ⑨+①+4
= 10 +4
= 14

❹ ①+⑨+5
= 10 +5
= 15

❽ ⑤+⑤+9
= 10 +9
= 19

 17 교과서 2. 덧셈과 뺄셈(1)

※ 합이 10이 되는 두 수를 먼저 더하고, 나머지 수를 더하여 세 수의 합을 구하세요.

❶ 5+④+⑥
=5+ 10
= 15

덧셈은 순서를 바꾸어
계산할 수 있어요!
합이 10이 되는 두 수를
먼저 찾아 ○표 해 보세요!

❺ 6+⑨+①
=6+ 10
= 16

❷ 3+⑧+②
=3+ 10
= 13

❻ 8+③+⑦
=8+ 10
= 18

❸ 2+①+⑨
=2+ 10
= 12

❼ 7+⑥+④
=7+ 10
= 17

❹ 4+⑦+③
=4+ 10
= 14

❽ 9+②+⑧
=9+ 10
= 19

18 10을 만들어 세 수 쉽게 더하기(2)

✽ 합이 10이 되는 두 수를 먼저 더하고, 나머지 수를 더하여 세 수의 합을 구하세요.

① ④＋3＋⑥ 〔합이 10이 되는 두 수를 찾아 ○표 해 보세요~〕
= 10 ＋3
= 13

⑤ ③＋9＋⑦
= 10 ＋9
= 19

② ⑦＋4＋③
= 10 ＋4
= 14

⑥ ⑨＋5＋①
= 10 ＋5
= 15

③ ④＋1＋⑥
= 10 ＋1
= 11

⑦ ⑧＋6＋②
= 10 ＋6
= 16

④ ⑤＋8＋⑤
= 10 ＋8
= 18

⑧ ⑥＋7＋④
= 10 ＋7
= 17

---

18 교과서 2. 덧셈과 뺄셈(1)

✽ 합이 10이 되는 두 수를 먼저 더하고, 나머지 수를 더하여 세 수의 합을 구하세요.

① ⑤＋⑤＋1 = 11 〔합이 10이 되는 두 수를 먼저 찾아 ○표 해 보세요~〕

② ②＋6＋⑧ = 16

③ ⑨＋①＋5 = 15

⑧ ①＋3＋⑨ = 13

④ 2＋③＋⑦ = 12

⑨ ⑦＋3＋8 = 18

⑤ 5＋④＋⑥ = 15

⑩ ④＋7＋⑥ = 17

⑥ ⑧＋3＋② = 13

⑪ 4＋②＋⑧ = 14

⑦ 4＋⑨＋① = 14

⑫ ③＋9＋⑦ = 19

---

19 생활 속 연산 – 세 수의 계산, 10을 이용한 덧셈과 뺄셈

✽ 그림을 보고 □ 안에 알맞은 수를 써넣으세요.

①

꽃병에 장미 4송이, 튤립 3송이, 국화 2송이가
있습니다. 꽃병에 담긴 꽃은 모두 9 송이입니다.

②

9－4－ 3 = 2
사탕이 9개 있는 병에서 준기가 4개, 유리가 3개를
꺼냈습니다. 병에 남은 사탕은 2 개입니다.

③

도장 10개를 채우면 선물을 받을 수 있습니다.
선물을 받으려면 도장 3 개를 더 채워야 합니다.

④

3＋6＋ 4 = 13
냉장고에 바나나 3개, 오렌지 6개, 사과 4개가
있습니다. 냉장고에 있는 과일은 모두 13 개입니다.

---

19 꿀떡 l 연산 간식

✽ 당근의 주인을 찾고 있어요. 당근에 쓰인 덧셈 결과와 같은 수 카드를 가지고 있는 토끼가
당근의 주인이에요. 당근의 주인을 찾아 이어 보세요.

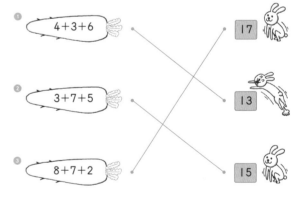

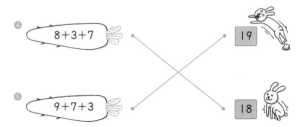

① 4＋3＋6 — 17
② 3＋7＋5 — 13
③ 8＋7＋2 — 15
④ 8＋3＋7 — 19
⑤ 9＋7＋3 — 18

둘째마당 통과 문제

＊틀린 문제는 꼭 다시 확인하고 넘어가요!

❀ □ 안에 알맞은 수를 써넣으세요.

10차시
① 2+2+1= 5

10차시
② 3+2+1= 6

10차시
③ 1+4+2= 7

12차시
④ 6−2−1= 3

12차시
⑤ 8−3−4= 1

12차시
⑥ 7−2−2= 3

18차시
⑦ 6+3+4= 13

18차시
⑧ 4+2+8= 14

16차시
⑨ 10−5= 5

16차시
⑩ 10−4= 6

14차시
⑪ 3+ 7 =10

14차시
⑫ 6 +4=10

16차시
⑬ 10− 3 =7

16차시
⑭ 10− 1 =9

19차시
⑮ 수지는 구슬을 분홍색 3개, 노란색 5개, 파란색 5개 가지고 있습니다. 수지가 가지고 있는 구슬은 모두 13 개입니다.

19차시
⑯ 초콜릿 10개가 있는 통에서 민재가 6개를 먹었습니다. 통에 남아 있는 초콜릿은 4 개입니다.

둘째 마당 정복!
셋째 마당으로 가 보자고

20 이어 세어서 두 수를 더해 보자

⏱ 2분

❀ 이어 세어서 더해 보세요.

①
8 9 10 11
도넛 8개하고 3개가 더 있어요. 8 다음 수부터 이어 세면 9, 10, 11 이에요.
➡ 8+3= 11

②
7 8 9 10 11 12
➡ 7+5= 12

③
6 7 8 9 10 11 12 13
➡ 6+7= 13

④
9 10 11 12
➡ 9+3= 12

⑤
5 6 7 8 9 10 11 12 13 14
➡ 5+9= 14

20 교과서 4. 덧셈과 뺄셈(2)

⏱ 3분

❀ 이어 세어서 더해 보세요.

①
6 7 8 9 10 11
6+5= 11
5+6= 11

②
8+6= 14
6+8= 14

③
4+9= 13
9+4= 13

④
7+6= 13
6+7= 13

⑤
2+9= 11
9+2= 11

⑥
9+5= 14
5+9= 14

두 수를 바꾸어 더해도 합은 같아요

정답 및 해설 | 11

21 앞의 수를 10 만들어 더하기

※ □ 안에 알맞은 수를 써넣으세요.

❶ 7 + 6 = 13
   3 3

7 + 4 = 11
3 1
3을 먼저 더해 10을 만들고 남은 1을 더해요.

❷ 8 + 5 = 13
   2 3

❻ 9 + 3 = 12
   1 2

❸ 7 + 7 = 14
   3 4

❼ 8 + 5 = 13
   2 3

❹ 9 + 6 = 15
   1 5

❽ 6 + 5 = 11
   4 1

❺ 5 + 7 = 12
   5 2

❾ 8 + 4 = 12
   2 2

21 교과서 4. 덧셈과 뺄셈(2)

※ □ 안에 알맞은 수를 써넣으세요.

❶ 7 + 5 = 12
   3 2

❻ 6 + 9 = 15
   4 5

❷ 6 + 6 = 12
   4 2

❼ 2 + 9 = 11
   8 1

❸ 8 + 3 = 11
   2 1

❽ 6 + 7 = 13
   4 3

❹ 9 + 8 = 17
   1 7

❾ 7 + 8 = 15
   3 5

❺ 8 + 7 = 15
   2 5

❿ 5 + 8 = 13
   5 3

22 뒤의 수를 10 만들어 더하기

※ □ 안에 알맞은 수를 써넣으세요.

❶ 5 + 7 = 12
    2 3

6 + 7 = 13
3 3
3을 먼저 더해 10을 만들고 남은 3을 더해요.

❷ 5 + 6 = 11
    1 4

❻ 7 + 8 = 15
    5 2

❸ 4 + 8 = 12
    2 2

❼ 4 + 9 = 13
    3 1

❹ 4 + 7 = 11
    1 3

❽ 7 + 7 = 14
    4 3

❺ 5 + 9 = 14
    4 1

❾ 6 + 8 = 14
    4 2

22 교과서 4. 덧셈과 뺄셈(2)

※ □ 안에 알맞은 수를 써넣으세요.

❶ 2 + 9 = 11
    1 1

❻ 8 + 8 = 16
    6 2

❷ 7 + 6 = 13
    3 4

❼ 8 + 4 = 12
    2 6

❸ 7 + 4 = 11
    1 6

❽ 9 + 7 = 16
    6 3

❹ 3 + 9 = 12
    2 1

❾ 8 + 5 = 13
    3 5

❺ 5 + 8 = 13
    3 2

❿ 5 + 9 = 14
    4 1

23 합이 10이 넘는 한 자리 수의 덧셈 집중 연습

❊ 덧셈을 하세요.

① 5 + 8 = 13
② 8 + 7 = 15
③ 5 + 6 = 11
④ 7 + 8 = 15
⑤ 4 + 8 = 12
⑥ 4 + 7 = 11
⑦ 6 + 9 = 15

⑧ 6 + 7 = 13
⑨ 6 + 8 = 14
⑩ 5 + 9 = 14
⑪ 9 + 8 = 17
⑫ 5 + 7 = 12
⑬ 3 + 8 = 11
⑭ 6 + 6 = 12

23 4. 덧셈과 뺄셈(2)

❊ 덧셈을 하세요.

① 7 + 9 = 16
② 8 + 3 = 11
③ 7 + 6 = 13
④ 8 + 4 = 12
⑤ 9 + 3 = 12
⑥ 8 + 5 = 13
⑦ 4 + 9 = 13

⑧ 8 + 6 = 14
⑨ 9 + 9 = 18
⑩ 2 + 9 = 11
⑪ 9 + 4 = 13
⑫ 7 + 5 = 12
⑬ 9 + 6 = 15
⑭ 7 + 7 = 14

24 합이 10이 넘는 덧셈은 중요하니 한 번 더!

❊ 덧셈을 하세요.

① 8 + 3 = 11
② 9 + 5 = 14
③ 7 + 4 = 11
④ 9 + 8 = 17
⑤ 8 + 7 = 15
⑥ 6 + 5 = 11
⑦ 9 + 7 = 16

⑧ 5 + 9 = 14
⑨ 6 + 6 = 12
⑩ 7 + 9 = 16
⑪ 6 + 7 = 13
⑫ 3 + 9 = 12
⑬ 3 + 8 = 11
⑭ 8 + 9 = 17

24 4. 덧셈과 뺄셈(2)

❊ 덧셈을 하세요.

① 5 + 7 = 12
② 7 + 6 = 13
③ 9 + 3 = 12
④ 4 + 8 = 12
⑤ 6 + 9 = 15
⑥ 9 + 4 = 13
⑦ 8 + 8 = 16

⑧ 4 + 9 = 13
⑨ 7 + 8 = 15
⑩ 5 + 6 = 11
⑪ 8 + 5 = 13
⑫ 6 + 8 = 14
⑬ 9 + 6 = 15

정답 및 해설 | 13

25 규칙이 있는 덧셈

 2분

❊ 덧셈을 하세요.

❶
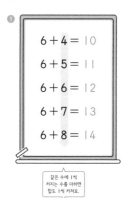

$6 + 4 = 10$
$6 + 5 = 11$
$6 + 6 = 12$
$6 + 7 = 13$
$6 + 8 = 14$

같은 수에 1씩 커지는 수를 더하면 합도 1씩 커져요.

❸
$9 + 8 = 17$
$8 + 8 = 16$
$7 + 8 = 15$
$6 + 8 = 14$
$5 + 8 = 13$

1씩 작아지는 수에 같은 수를 더하면 합도 1씩 작아져요.

❷
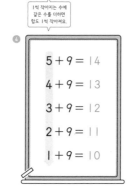

$7 + 5 = 12$
$7 + 6 = 13$
$7 + 7 = 14$
$7 + 8 = 15$
$7 + 9 = 16$

❹
$5 + 9 = 14$
$4 + 9 = 13$
$3 + 9 = 12$
$2 + 9 = 11$
$1 + 9 = 10$

---

25 교과서 4. 덧셈과 뺄셈(2)

 4분

❊ 빈칸에 알맞은 수를 써넣으세요.

❶

+	4	5	6
6	10	11	12
7	11	12	13
8	12	13	14

❸

+	7	8	9
5	12	13	14
7	14	15	16
9	16	17	18

우리가 만나는 곳에 왼쪽(△), 위쪽(○)의 수의 합을 써요!

△ ➡ △ + ○

❷

+	4	6	8
7	11	13	15
8	12	14	16
9	13	15	17

❹

+	3	6	9
9	12	15	18
8	11	14	17
7	10	13	16

---

26 조건에 맞는 덧셈식 찾기

 4분

❊ 조건에 맞는 덧셈식을 모두 찾아 색칠하세요.

❶ 합이 12인 덧셈식

3+5			
4+5	4+6		
5+5	5+6	**5+7**	
6+5	**6+6**	6+7	6+8
7+5	7+6	7+7	7+8	7+9

색칠할 칸은 모두 3칸이에요!

❷ 합이 13인 덧셈식

	5+6			
	6+5	6+6	**6+7**	
7+4	7+5	**7+6**	7+7	7+8
	8+5	8+6	8+7	
		9+6		

색칠할 칸은 모두 3칸이에요!

❸ 합이 15인 덧셈식

		5+9	
	6+8	**6+9**	
7+7	**7+8**	7+9	
8+6	**8+7**	8+8	8+9
9+5	**9+6**	9+7	9+8	9+9

모두 4칸에 색칠하면 돼요.

---

26 교과서 4. 덧셈과 뺄셈(2)

 3분

❊ 덧셈식이 되는 세 수를 모두 찾아 ☐+☐=☐ 표시를 해 보세요.

❶
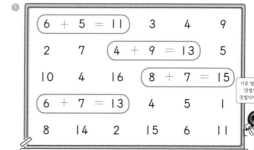

6 + 5 = 11	3	4	9
2	7	4 + 9 = 13	5
10	4	16	8 + 7 = 15
6 + 7 = 13	4	5	1
8	14	2	15	6	11

가로 방향의 세 수 중에서 덧셈식을 찾아보세요. 덧셈식이 4개 숨어 있어요.

❷
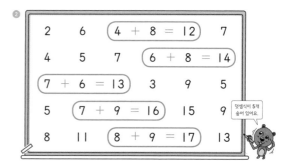

2	6	4 + 8 = 12	7
4	5	7	6 + 8 = 14
7 + 6 = 13	3	9	5
5	7 + 9 = 16	15	9
8	11	8 + 9 = 17	13

덧셈식이 5개 숨어 있어요.

---

27 앞의 수가 10이 되도록 먼저 빼기

※ □ 안에 알맞은 수를 써넣으세요.

① 12 - 7 = 5
  2 5

13 - 7 = 6
 3 4
3을 먼저 빼서 10을 만든 다음 남은 4를 빼요.

② 16 - 8 = 8
  6 2

⑥ 17 - 8 = 9
  7 1

③ 14 - 6 = 8
  4 2

⑦ 13 - 9 = 4
  3 6

④ 15 - 8 = 7
  5 3

⑧ 12 - 4 = 8
  2 2

⑤ 11 - 9 = 2
  1 8

⑨ 18 - 9 = 9
  8 1

27 교과서 4. 덧셈과 뺄셈(2)

※ □ 안에 알맞은 수를 써넣으세요.

① 15 - 7 = 8
  5 2
계산하기 쉽게 15를 10으로 만드는 거예요.

⑥ 14 - 5 = 9
  4 1

② 11 - 3 = 8
  1 2

⑦ 16 - 9 = 7
  6 3

③ 12 - 5 = 7
  2 3

⑧ 17 - 9 = 8
  7 2

④ 14 - 9 = 5
  4 5

⑨ 13 - 6 = 7
  3 3

⑤ 16 - 7 = 9
  6 1

⑩ 13 - 8 = 5
  3 5

28 먼저 앞의 수를 10 만들어 빼기

※ □ 안에 알맞은 수를 써넣으세요.

① 12 - 9 = 3
  10 2

13 - 8 = 5
10 3
13을 10과 3으로 가르기 한 다음
10에서 8을 먼저 빼고 남은 2와 남은 3을 더해요.

② 11 - 6 = 5
  10 1

⑥ 13 - 7 = 6
  10 3

③ 13 - 5 = 8
  10 3

⑦ 15 - 6 = 9
  10 5

④ 12 - 7 = 5
  10 2

⑧ 16 - 8 = 8
  10 6

⑤ 14 - 8 = 6
  10 4

⑨ 15 - 9 = 6
  10 5

28 교과서 4. 덧셈과 뺄셈(2)

※ □ 안에 알맞은 수를 써넣으세요.

① 11 - 4 = 7
  10 1

⑥ 12 - 6 = 6
  10 2

② 15 - 7 = 8
  10 5

⑦ 13 - 6 = 7
  10 3

③ 14 - 6 = 8
  10 4

⑧ 16 - 7 = 9
  10 6

④ 17 - 8 = 9
  10 7

⑨ 12 - 5 = 7
  10 2

⑤ 14 - 9 = 5
  10 4

⑩ 18 - 9 = 9
  10 8

29 받아내림이 있는 (십몇) − (몇) 집중 연습

❀ 뺄셈을 하세요.

① $11 - 7 = 4$

② $12 - 8 = 4$

③ $14 - 6 = 8$

④ $11 - 5 = 6$

⑤ $13 - 4 = 9$

⑥ $15 - 8 = 7$

⑦ $14 - 5 = 9$

⑧ $13 - 8 = 5$

⑨ $17 - 9 = 8$

⑩ $15 - 6 = 9$

⑪ $12 - 4 = 8$

⑫ $11 - 9 = 2$

⑬ $12 - 3 = 9$

⑭ $14 - 7 = 7$

---

29 [교과서] 4. 덧셈과 뺄셈(2)

❀ 뺄셈을 하세요.

① $11 - 8 = 3$

② $14 - 8 = 6$

③ $16 - 9 = 7$

④ $12 - 5 = 7$

⑤ $11 - 6 = 5$

⑥ $16 - 7 = 9$

⑦ $15 - 7 = 8$

⑧ $12 - 7 = 5$

⑨ $13 - 9 = 4$

⑩ $15 - 9 = 6$

⑪ $11 - 4 = 7$

⑫ $14 - 9 = 5$

⑬ $13 - 7 = 6$

⑭ $12 - 9 = 3$

---

30 (십몇) − (몇)을 완벽하게!

❀ 뺄셈을 하세요.

① $12 - 6 = 6$

② $13 - 8 = 5$

③ $11 - 2 = 9$

④ $14 - 7 = 7$

⑤ $13 - 5 = 8$

⑥ $16 - 8 = 8$

⑦ $17 - 8 = 9$

⑧ $11 - 3 = 8$

⑨ $13 - 6 = 7$

⑩ $12 - 3 = 9$

⑪ $17 - 9 = 8$

⑫ $14 - 8 = 6$

⑬ $11 - 7 = 4$

⑭ $18 - 9 = 9$

---

30 [교과서] 4. 덧셈과 뺄셈(2)

❀ 뺄셈을 하세요.

① $11 - 9 = 2$

② $12 - 7 = 5$

③ $11 - 5 = 6$

④ $15 - 6 = 9$

⑤ $12 - 4 = 8$

⑥ $14 - 6 = 8$

⑦ $15 - 8 = 7$

⑧ $16 - 7 = 9$

⑨ $11 - 8 = 3$

⑩ $14 - 5 = 9$

⑪ $13 - 9 = 4$

⑫ $15 - 7 = 8$

⑬ $16 - 9 = 7$

31 규칙이 있는 뺄셈

⚬ 뺄셈을 하세요.

①
12 − 5 = 7
12 − 6 = 6
12 − 7 = 5
12 − 8 = 4
12 − 9 = 3

같은 수에서 1씩
커지는 수를 빼면
차는 1씩 작아져요.

③
11 − 7 = 4
12 − 7 = 5
13 − 7 = 6
14 − 7 = 7
15 − 7 = 8

1씩 커지는 수에서
같은 수를 빼면
차는 1씩 커져요.

②
13 − 4 = 9
13 − 5 = 8
13 − 6 = 7
13 − 7 = 6
13 − 8 = 5

④
14 − 9 = 5
15 − 9 = 6
16 − 9 = 7
17 − 9 = 8
18 − 9 = 9

31 교과서 4. 덧셈과 뺄셈(2)

⚬ 빈칸에 알맞은 수를 써넣으세요.

①

−	4	5	6
11	7	6	5
12	8	7	6
13	9	8	7

③

−	7	8	9
13	6	5	4
15	8	7	6
17	10	9	8

왼쪽(△)에서 위쪽(○)의
수를 빼 줘요.

②

−	5	6	7
14	9	8	7
15	10	9	8
16	11	10	9

④

−	7	8	9
12	5	4	3
14	7	6	5
16	9	8	7

32 조건에 맞는 뺄셈식 찾기

⚬ 조건에 맞는 뺄셈식을 모두 찾아 색칠하세요.

① 차가 6인 뺄셈식

색칠할 칸은 모두 4칸이에요!

10−5				
11−5	11−6			
12−5	12−6	12−7		
13−5	13−6	13−7	13−8	
14−5	14−6	14−7	14−8	14−9

② 차가 8인 뺄셈식

색칠할 칸은 모두 3칸이에요!

	13−7			
	14−6	14−7	14−8	
15−5	15−6	15−7	15−8	15−9
	16−6	16−7	16−8	
	17−7			

③ 차가 9인 뺄셈식

색칠할 칸은 모두 3칸이에요.

			14−9
		15−8	15−9
	16−7	16−8	16−9
17−6	17−7	17−8	17−9
18−5	18−6	18−7	18−8	18−9

32 교과서 4. 덧셈과 뺄셈(2)

⚬ 뺄셈식이 되는 세 수를 모두 찾아 □−□=□ 표시를 해 보세요.

①
뺄셈식이 4개 숨어 있어요.

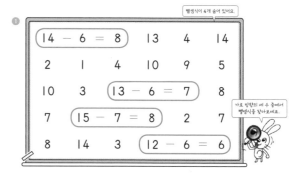

②
뺄셈식이 5개 숨어 있어요.

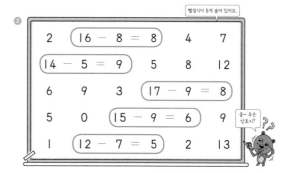

정답 및 해설 | 17

33 생활 속 연산 – 덧셈과 뺄셈

※ 그림을 보고 □ 안에 알맞은 수를 써넣으세요.

❶  칭찬 붙임딱지가 16장 있습니다.
10칸에 붙이고 남은 칭찬 붙임딱지는
6 장입니다.

❷  거미 다리는 8개, 개미 다리는 6개입니다.
거미 다리와 개미 다리 수를 합하면
모두 14 개입니다.

❸ 은지네 반 학생은 15명입니다. 그중 안경을
쓴 학생은 7명이고, 안경을 쓰지 않은 학생은
8 명입니다.

❹
우리반 반장선거	
주원	성은
17표	9표

반장 선거에서 주원이는 성은이보다 8 표
더 많이 얻었습니다.

33 꿀떡 | 연산 간식

※ 고양이와 강아지가 빙고 놀이를 하고 있습니다. 순서대로 한 문제씩 계산을 한 다음 놀이
판에 색칠할 때, 먼저 한 줄을 색칠한 동물은 누구일까요?

❶ $8+6= 14$ ❹ $11-7= 4$ ❼ $6+5= 11$

❷ $16-9= 7$ ❺ $9+8= 17$ ❽ $9+6= 15$

❸ $7+5= 12$ ❻ $15-7= 8$ ❾ $14-5= 9$

고양이
13	5	6	14
17	11	8	19
12	18	16	9
15	7	4	3

한 줄은 4칸이니까
4칸을 모두 완성해야 해요.   강아지
6	15	9	3
4	11	12	7
18	19	5	16
13	8	14	17

➡ 먼저 한 줄을 색칠한 동물은 강아지 입니다.

셋째마당 통과 문제 🚀

*틀린 문제는 꼭 다시 확인하고 넘어가요!

※ □ 안에 알맞은 수를 써넣으세요.

21차시
❶ $7+4= 11$
  3 1

22차시
❷ $5+8= 13$
  3 2

27차시
❸ $13-4= 9$
  3 1

28차시
❹ $12-7= 5$
  10 2

23차시
❺ $2+9= 11$

23차시
❻ $9+6= 15$

23차시
❼ $8+9= 17$

23차시
❽ $7+6= 13$

29차시
❾ $17-8= 9$

29차시
❿ $15-9= 6$

29차시
⓫ $14-7= 7$

29차시
⓬ $11-6= 5$

33차시
⓭ 사탕을 정호는 7개, 수지는 8개 가지고
있습니다. 정호와 수지가 가지고 있는
사탕은 모두 15 개입니다.

33차시
⓮ 윤지네 반 학생은 17명입니다. 그중 남
학생은 9명이고, 여학생은 8 명입
니다.

셋째 마당 정복!
넷째 마당으로 가 보자고

34 일의 자리 수끼리 더하고 십의 자리는 그대로! (걸린 시간 2분)

❈ 덧셈을 하세요.

```
①   2 0          ⑤    3 2          ⑨      3
  +   6             +   4             + 4 0
    2 6               3 6               4 3
    0+6=6
```

```
②   1 2          ⑥    4 0          ⑩      8
  +   5             +   9             + 6 0
    1 7               4 9               6 8
  [일의 자리부터 더해요!]
```

```
③   2 0          ⑦    5 3          ⑪      9
  +   8             +   1             + 7 0
    2 8               5 4               7 9
```

```
④   3 1          ⑧    6 0          ⑫      6
  +   2             +   3             + 8 1
    3 3               6 3               8 7
```

34 교과서 6. 덧셈과 뺄셈(3) (걸린 시간 2분)

❈ 덧셈을 하세요.

```
①   1 1          ⑤    2 5          ⑨    5 2
  +   3             +   3             +   7
    1 4               2 8               5 9
    1+3=4
```

```
②   2 3          ⑥    5 4          ⑩    4 4
  +   4             +   2             +   3
    2 7               5 6               4 7
```

```
③   4 6          ⑦    4 3          ⑪    7 7
  +   2             +   3             +   1
    4 8               4 6               7 8
```

```
④   3 2          ⑧    6 4          ⑫    8 5
  +   5             +   4             +   2
    3 7               6 8               8 7
```

35 같은 자리 수끼리 더하는 게 중요해 (걸린 시간 2분)

[자리만 잘 맞추어 풀면 어렵지 않아요~]

❈ 덧셈을 하세요.

```
①   2 3          ⑤    4 2          ⑨      5
  +   2             +   2             + 6 4
    2 5               4 4               6 9
```

```
②   6 6          ⑥    3 4          ⑩      1
  +   3             +   5             + 8 7
    6 9               3 9               8 8
```

```
③   4 5          ⑦    5 2          ⑪      4
  +   2             +   6             + 9 4
    4 7               5 8               9 8
```

```
④   5 7          ⑧    7 3          ⑫      2
  +   2             +   6             + 9 5
    5 9               7 9               9 7
```

35 교과서 6. 덧셈과 뺄셈(3) (걸린 시간 3분)

❈ 세로셈으로 나타내고, 덧셈을 하세요.

① 15+3
```
    1 5
  +   3
    1 8
```

⑤ 31+4
```
    3 1
  +   4
    3 5
```

⑨ 5+34

```
      5
  + 3 4
    3 9
```

② 24+5
```
    2 4
  +   5
    2 9
```

⑥ 17+2
```
    1 7
  +   2
    1 9
```

⑩ 3+55
```
      3
  + 5 5
    5 8
```

③ 31+6
```
    3 1
  +   6
    3 7
```

⑦ 63+4
```
    6 3
  +   4
    6 7
```

⑪ 6+63
```
      6
  + 6 3
    6 9
```

④ 52+4
```
    5 2
  +   4
    5 6
```

⑧ 82+5
```
    8 2
  +   5
    8 7
```

⑫ 7+91
```
      7
  + 9 1
    9 8
```

[5는 어느 자리에 써야 할까?]

36 가로셈을 쉽게 푸는 방법

집중 시간 ☺ 2분 ☺

❀ 덧셈을 하세요.

❶ 30+7 = [3][7]

❶ 3+5=8

23+5 = [2][8]

❷

가로셈에서도 일의 자리 수끼리 더하고,
십의 자리 수는 그대로 자리에 맞춰 써요.

❷ 21+7 = [2][8]

❼ 96+3 = [9][9]

❸ 23+3 = [2][6]

❽ 62+4 = [6][6]

2와 5를 더하면 안돼요.
2는 십의 자리 숫자이고
5는 일의 자리 숫자예요.

❹ 34+3 = [3][7]

❾ 2+57 = [5][9]

❺ 54+4 = [5][8]

❿ 4+73 = [7][7]

❻ 42+6 = [4][8]

⓫ 2+86 = [8][8]

---

36 교과서 6. 덧셈과 뺄셈(3)

집중 시간 ☺ 3분 ☺

❀ 덧셈을 하세요.

❶ 13+3=16

❻ 83+6=89

🔟앗 실수

⓫ 43+4=47

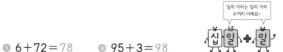

가로셈이 어려우면 세로셈으로
바꾸어 풀어도 좋아요.

❷ 46+2=48

❼ 7+52=59

⓬ 52+6=58

❸ 21+8=29

❽ 64+2=66

⓭ 74+5=79

❹ 34+3=37

❾ 72+7=79

⓮ 3+85=88

일의 자리는 일의 자리
수끼리 더해요~

십 일 + 일

❺ 6+72=78

❿ 95+3=98

---

37 (몇십몇)+(몇) 집중 연습

집중 시간 ☺ 2분 ☺

❀ 덧셈을 하세요.

❶
```
   1 7
 +   2
-------
   1 9
```

❺
```
   6 2
 +   5
-------
   6 7
```

❾ 35+3=38

❷
```
   3 2
 +   4
-------
   3 6
```

❻
```
   4 4
 +   3
-------
   4 7
```

❿ 52+7=59

❸
```
   4 3
 +   5
-------
   4 8
```

❼
```
   5 4
 +   4
-------
   5 8
```

⓫ 5+60=65

두 수의 순서를 바꾸어
더해도 합이 같아요.
60+5로 생각하면 쉬워요.

❹
```
   5 3
 +   6
-------
   5 9
```

❽
```
   7 6
 +   2
-------
   7 8
```

⓬ 7+82=89

---

37 교과서 6. 덧셈과 뺄셈(3)

집중 시간 ☺ 2분 ☺

❀ 덧셈을 하세요.

❶
```
   4 2
 +   4
-------
   4 6
```

❺
```
   5 3
 +   4
-------
   5 7
```

❾ 45+3=48

십의 자리 숫자는 그대로 쓰면 되니
일의 자리만 계산하면 돼요.
힘내요! 아자~

❷
```
   6 1
 +   7
-------
   6 8
```

❻
```
   6 2
 +   5
-------
   6 7
```

❿ 54+5=59

❸
```
   5 4
 +   2
-------
   5 6
```

❼
```
   7 1
 +   7
-------
   7 8
```

⓫ 7+82=89

❹
```
   7 6
 +   3
-------
   7 9
```

❽
```
   8 4
 +   5
-------
   8 9
```

⓬ 6+72=78

38 (몇십몇)+(몇)은 기초니까 탄탄하게!

※ 덧셈을 하세요.

①
```
  2 4
+   3
─────
  2 7
```

⑤
```
  3 5
+   2
─────
  3 7
```

⑨
```
    3
+ 5 6
─────
  5 9
```

②
```
  4 2
+   5
─────
  4 7
```

⑥
```
  7 4
+   5
─────
  7 9
```

⑩
```
  6 7
+   1
─────
  6 8
```

③
```
  5 1
+   4
─────
  5 5
```

⑦
```
  9 6
+   2
─────
  9 8
```

⑪
```
  8 3
+   4
─────
  8 7
```

④
```
  9 3
+   5
─────
  9 8
```

⑧
```
  8 7
+   2
─────
  8 9
```

받아올림이 없는 덧셈의 답이 빨리 나오지 않으면 여러 번 소리내어 읽어 봐요.

---

38 교과서 6. 덧셈과 뺄셈(3)

※ 빈칸에 알맞은 수를 써넣으세요.

①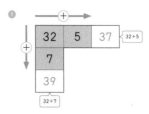

④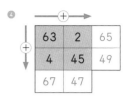

②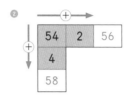

⑤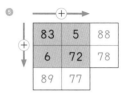

③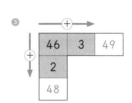

⑥ 앗! 실수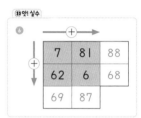

---

39 일의 자리 수끼리, 십의 자리 수끼리 더하자(1)

※ 덧셈을 하세요.

	십	일
①	2	0
+	1	0
	3	0

20+10은 2+1처럼 쉬워요.
❷2+1=3 ❶

⑤	2	3
+	6	0
	8	3

2+6 3+0

⑨	1	4
+	8	0
	9	4

②	4	0
+	2	0
	6	0

⑥	5	0
+	3	7
	8	7

⑩	4	5
+	4	0
	8	5

③	2	0
+	5	0
	7	0

⑦	2	1
+	6	0
	8	1

⑪	7	0
+	2	6
	9	6

④	3	0
+	3	0
	6	0

⑧	5	2
+	2	0
	7	2

⑫	6	8
+	3	0
	9	8

---

39 교과서 6. 덧셈과 뺄셈(3)

※ 덧셈을 하세요.

	십	일
①	2	4
+	1	3
	3	7

2+1 4+3

⑤	2	5
+	2	4
	4	9

⑨	3	2
+	2	5
	5	7

②	1	2
+	2	7
	3	9

⑥	7	2
+	1	2
	8	4

⑩	3	6
+	4	3
	7	9

③	2	4
+	3	1
	5	5

⑦	4	5
+	2	3
	6	8

⑪	7	4
+	2	2
	9	6

④	3	6
+	3	2
	6	8

⑧	5	3
+	2	6
	7	9

끼리끼리 계산해요!
십의 자리 수끼리, 일의 자리 수끼리!
십 일 ➕ 십 일

40 일의 자리 수끼리, 십의 자리 수끼리 더하자(2)

※ 덧셈을 하세요.

무는 데 시간이 많이 걸렸다면 큰 소리로 10번 말해 봐요. '칠 더하기 이는 구'

	십	일			십	일			십	일
①	2	1		⑤	4	2		⑨	6	7
+	2	7		+	3	4		+	2	2
	4	8			7	6			8	9

②	2	3		⑥	3	2		⑩	3	4
+	4	3		+	3	7		+	4	5
	6	6			6	9			7	9

③	3	0		⑦	3	5		⑪	6	5
+	3	4		+	6	2		+	3	3
	6	4			9	7			9	8

④	3	1		⑧	4	4		⑫	8	3
+	5	8		+	2	5		+	1	2
	8	9			6	9			9	5

---

40 [교과서] 6. 덧셈과 뺄셈(3)

※ 세로셈으로 나타내고, 덧셈을 하세요.

같은 자리 수끼리 줄을 맞추어 쓰는 연습을 해야 실수가 없어요.

① 12+33 → 12+33=45
⑤ 34+22=56
⑨ 32+45=77

② 42+24=66
⑥ 47+31=78
⑩ 51+34=85

③ 36+32=68
⑦ 63+23=86
⑪ 70+26=96

④ 53+42=95
⑧ 55+43=98
⑫ 61+38=99

---

41 두 자리 수의 덧셈을 가로셈으로 빠르게!

※ 덧셈을 하세요.

① 30+40= 7 0

세로셈으로 바꾸지 말고 그대로 풀어 보세요!

23+52= 7 5

가로셈에서도 자릿수에 맞춰 일의 자리 수끼리, 십의 자리 수끼리 더해요.

② 15+34= 4 9
③ 21+37= 5 8
④ 25+43= 6 8
⑤ 48+21= 6 9
⑥ 34+42= 7 6

⑦ 52+35= 8 7
⑧ 61+22= 8 3
⑨ 64+13= 7 7
⑩ 72+17= 8 9
⑪ 76+23= 9 9

---

41 [교과서] 6. 덧셈과 뺄셈(3)

※ 덧셈을 하세요.

① 16+30=46
⑥ 51+23=74
⑪ 17+62=79

일의 자리는 일의 자리 수끼리 더해요— 그래서 6과 2를 더해요.

② 26+52=78
⑦ 42+43=85
⑫ 76+13=89

③ 35+41=76
⑧ 15+72=87
⑬ 65+21=86

④ 46+23=69
⑨ 40+18=58
⑭ 32+54=86

⑤ 31+57=88
⑩ 83+15=98

42 두 자리 수의 덧셈 집중 연습

⁂ 덧셈을 하세요.

❶
```
  1 3
+ 6 2
─────
  7 5
```

❺
```
  3 2
+ 1 6
─────
  4 8
```

❾ 50 + 29 = 79

❷
```
  2 7
+ 3 0
─────
  5 7
```

❻
```
  7 6
+ 2 3
─────
  9 9
```

❿ 44 + 24 = 68

❸
```
  3 4
+ 4 5
─────
  7 9
```

❼
```
  6 3
+ 2 4
─────
  8 7
```

⓫ 35 + 52 = 87

❹
```
  3 6
+ 3 1
─────
  6 7
```

❽
```
  5 1
+ 3 8
─────
  8 9
```

⓬ 55 + 43 = 98

---

42 교과서 6. 덧셈과 뺄셈(3)

⁂ 덧셈을 하세요.

❶
```
  2 3
+ 2 4
─────
  4 7
```

❺
```
  5 3
+ 1 5
─────
  6 8
```

❾ 43 + 21 = 64

쉬고 싶을 때 이렇게 생각해 봐요.
'딱 한 문제만 더 풀고 쉬자~'
공부를 잘하게 되는 작은 습관이에요.

❷
```
  3 1
+ 2 3
─────
  5 4
```

❻
```
  4 2
+ 3 3
─────
  7 5
```

❿ 62 + 26 = 88

❸
```
  5 2
+ 1 3
─────
  6 5
```

❼
```
  2 1
+ 6 4
─────
  8 5
```

⓫ 37 + 50 = 87

❹
```
  5 6
+ 2 0
─────
  7 6
```

❽
```
  5 4
+ 3 2
─────
  8 6
```

⓬ 70 + 29 = 99

---

43 두 자리 수의 덧셈을 완벽하게!

⁂ 덧셈을 하세요.

❶
```
  4 1
+ 3 5
─────
  7 6
```

❺
```
  6 3
+ 3 2
─────
  9 5
```

❾
```
  1 2
+ 7 2
─────
  8 4
```

❷
```
  2 3
+ 3 6
─────
  5 9
```

❻
```
  4 3
+ 4 5
─────
  8 8
```

❿
```
  6 5
+ 2 4
─────
  8 9
```

❸
```
  4 5
+ 2 3
─────
  6 8
```

❼
```
  3 0
+ 4 8
─────
  7 8
```

⓫
```
  2 4
+ 6 4
─────
  8 8
```

❹
```
  5 2
+ 4 6
─────
  9 8
```

❽
```
  7 2
+ 2 4
─────
  9 6
```

어려운 문제가 있으면 꼭 ☆ 표시를
하고 한 번 더 풀어야 해요.

---

43 교과서 6. 덧셈과 뺄셈(3)

⁂ 두 수를 더한 수를 바로 위의 빈칸에 써넣으세요.

❶
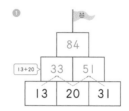

❸
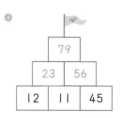

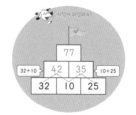

❷
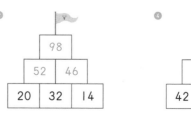

❹

44 그림을 보고 덧셈하기 😊 2분 😊

그림을 보고 덧셈식을 쓰세요.
5개씩, 10개씩 묶음으로 세면 빠르게 셀 수 있어요.

①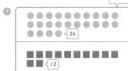

$24 + 12 = 36$

④

$13 + 16 = 29$

②

$15 + 12 = 27$

⑤

$23 + 14 = 37$

③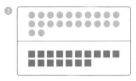

$22 + 17 = 39$

⑥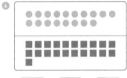

$18 + 21 = 39$

---

44 교과서 6. 덧셈과 뺄셈(3) 😊 3분 😊

그림을 보고 덧셈을 하세요.

①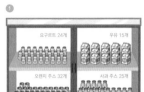

②

(1) 요구르트와 오렌지 주스는 모두 몇 개인지 덧셈식을 쓰세요.

$24 + 32 = 56$

(1) 사탕과 초콜릿은 모두 몇 개인지 덧셈식을 쓰세요.

$21 + 14 = 35$

(2) 오렌지 주스와 사과 주스는 모두 몇 개인지 덧셈식을 쓰세요.

$32 + 25 = 57$

(2) 도넛과 케이크는 모두 몇 개인지 덧셈식을 쓰세요.

$12 + 10 = 22$

(3) 요구르트와 우유는 모두 몇 개인지 덧셈식을 쓰세요.

$24 + 15 = 39$

(3) 사탕과 도넛은 모두 몇 개인지 덧셈식을 쓰세요.

$21 + 12 = 33$

---

45 몇십끼리, 몇끼리 더하는 방법 😊 3분 😊

□ 안에 알맞은 수를 써넣으세요.

	10개씩 묶음의 수	낱개의 수
23		
35		

20+30=50   3+5=8

$23+35=50+8=58$

① $23 + 35$
$= 20 + 3 + 30 + 5$
$= 50 + 8$
$= 58$

② $25 + 34$
$= 20 + 5 + 30 + 4$
$= 50 + 9$
$= 59$

⑤ $54 + 32$
$= 50 + 4 + 30 + 2$
$= 80 + 6$
$= 86$

③ $61 + 13$
$= 60 + 1 + 10 + 3$
$= 70 + 4$
$= 74$

⑥ $74 + 21$
$= 70 + 4 + 20 + 1$
$= 90 + 5$
$= 95$

④ $46 + 22$
$= 40 + 6 + 20 + 2$
$= 60 + 8$
$= 68$

⑦ $15 + 82$
$= 10 + 5 + 80 + 2$
$= 90 + 7$
$= 97$

---

45 교과서 6. 덧셈과 뺄셈(3) 😊 3분 😊

□ 안에 알맞은 수를 써넣으세요.

두 수를 몇십과 몇으로 나누어 계산하고 있는지 살펴보세요.

① $25 + 42$
$= 20 + 5 + 40 + 2$
$= 60 + 7$
$= 67$

몇십과 몇으로 나누어요.
몇십을 먼저 더하고 몇을 더해요.

⑤ $26 + 22$
$= 20 + 6 + 20 + 2$
$= 40 + 8$
$= 48$

② $37 + 41$
$= 30 + 7 + 40 + 1$
$= 70 + 8$
$= 78$

⑥ $34 + 63$
$= 30 + 4 + 60 + 3$
$= 90 + 7$
$= 97$

③ $23 + 54$
$= 20 + 3 + 50 + 4$
$= 70 + 7$
$= 77$

⑦ $48 + 41$
$= 40 + 8 + 40 + 1$
$= 80 + 9$
$= 89$

④ $65 + 23$
$= 60 + 5 + 20 + 3$
$= 80 + 8$
$= 88$

⑧ $52 + 27$
$= 50 + 2 + 20 + 7$
$= 70 + 9$
$= 79$

46 더하는 수를 몇십과 몇으로 나누어 더하는 방법

※ □ 안에 알맞은 수를 써넣으세요.

❶ 14 + 21
= 14 + 20 + 1
= 34 + 1
= 35

14 ▭▭▭▭▭ ▭▭▭▭
21 ▭▭▭▭▭ 1
14 + 21 = 14 + 20 + 1
= 34 + 1 = 35

❷ 13 + 16
= 13 + 10 + 6
= 23 + 6
= 29

❺ 42 + 35
= 42 + 30 + 5
= 72 + 5
= 77

❸ 25 + 32
= 25 + 30 + 2
= 55 + 2
= 57

❻ 52 + 43
= 52 + 40 + 3
= 92 + 3
= 95

❹ 46 + 13
= 46 + 10 + 3
= 56 + 3
= 59

❼ 61 + 36
= 61 + 30 + 6
= 91 + 6
= 97

---

46 교과서 6. 덧셈과 뺄셈(3)

※ □ 안에 알맞은 수를 써넣으세요.

❶ 23 + 11 [몇과 몇십으로 나누어요.]
= 23 + 1 + 10 [몇을 먼저 더해요.]
= 24 + 10 [몇십을 더해요.]
= 34

❺ 25 + 43
= 25 + 3 + 40
= 28 + 40
= 68

❷ 31 + 67
= 31 + 7 + 60
= 38 + 60
= 98

❻ 42 + 56
= 42 + 6 + 50
= 48 + 50
= 98

❸ 52 + 23
= 52 + 3 + 20
= 55 + 20
= 75

❼ 33 + 64
= 33 + 4 + 60
= 37 + 60
= 97

❹ 64 + 24
= 64 + 4 + 20
= 68 + 20
= 88

❽ 78 + 11
= 78 + 1 + 10
= 79 + 10
= 89

---

47 생활 속 연산 – 덧셈

※ 그림을 보고 □ 안에 알맞은 수를 써넣으세요.

❶

현민이는 8월에 칭찬 붙임딱지를 30장,
9월에 10장 모았습니다. 현민이가 8월과 9월에
모은 칭찬 붙임딱지는 모두 40 장입니다.

❷

민지의 책장에는 위인전 23권과 동화책 16권이
꽂혀 있습니다. 민지의 책장에 꽂혀 있는 책은
모두 39 권입니다.

❸

수민이는 줄넘기를 32번, 태민이는 43번
넘었습니다. 두 사람이 넘은 줄넘기는 모두
75 번입니다.

---

47 꿀떡! 연산 간식

※ 세 개의 문 가운데 계산 결과가 가장 큰 문을 열면 보물을 찾을 수 있어요. 계산을 하고,
보물이 숨겨진 문에 ◯를 하세요.

❶

❷

❸

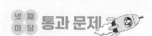 넷째 마당 **통과 문제** 🚀

● 틀린 문제는 꼭 다시 확인하고 넘어가요!

※ □ 안에 알맞은 수를 써넣으세요.

34차시
①
```
   3 0
 +   8
 ─────
   3 8
```

34차시
②
```
     7
 + 4 0
 ─────
   4 7
```

34차시
③
```
   7 3
 +   5
 ─────
   7 8
```

34차시
④
```
     3
 + 3 6
 ─────
   3 9
```

39차시
⑤
```
   5 0
 + 2 0
 ─────
   7 0
```

39차시
⑥
```
   6 0
 + 3 4
 ─────
   9 4
```

39차시
⑦
```
   3 5
 + 4 3
 ─────
   7 8
```

39차시
⑧
```
   8 2
 + 1 6
 ─────
   9 8
```

41차시
⑨ $20 + 30 = \boxed{50}$

41차시
⑩ $15 + 44 = \boxed{59}$

41차시
⑪ $34 + 25 = \boxed{59}$

41차시
⑫ $62 + 17 = \boxed{79}$

41차시
⑬ $58 + 21 = \boxed{79}$

41차시
⑭ $13 + 64 = \boxed{77}$

47차시
⑮ 색종이를 경희는 43장, 진수는 26장 가지고 있습니다. 두 사람이 가지고 있는 색종이는 모두 $\boxed{69}$ 장입니다.

넷째 마당 정복!
다섯째 마당으로 가 보자고

 48 일의 자리 수끼리 빼고 십의 자리는 그대로!

걸린 시간 2분

※ 뺄셈을 하세요.

①
```
   3 5
 - 1
 ─────
   3 4
```
5-1=4

②
```
   2 9
 -   2
 ─────
   2 7
```
 일의 자리부터 계산해요.

③
```
   4 8
 -   5
 ─────
   4 3
```

④
```
   7 7
 -   3
 ─────
   7 4
```

⑤
```
   3 7
 -   2
 ─────
   3 5
```

⑥
```
   7 6
 -   2
 ─────
   7 4
```

⑦
```
   8 8
 -   2
 ─────
   8 6
```

⑧
```
   4 6
 -   6
 ─────
   4 0
```

⑨
```
   5 6
 -   3
 ─────
   5 3
```

⑩
```
   8 9
 -   7
 ─────
   8 2
```

⑪
```
   6 5
 -   3
 ─────
   6 2
```

⑫
```
   9 7
 -   4
 ─────
   9 3
```

48 교과서 6. 덧셈과 뺄셈(3)

걸린 시간 2분

※ 뺄셈을 하세요.

①
```
   3 6
 - 2
 ─────
   3 4
```
6-2=4

②
```
   7 5
 -   3
 ─────
   7 2
```

③
```
   4 9
 -   8
 ─────
   4 1
```

④
```
   8 6
 -   4
 ─────
   8 2
```

⑤
```
   4 8
 -   4
 ─────
   4 4
```

⑥
```
   3 7
 -   4
 ─────
   3 3
```

⑦
```
   6 7
 -   3
 ─────
   6 4
```

⑧
```
   7 6
 -   3
 ─────
   7 3
```

⑨
```
   6 8
 -   5
 ─────
   6 3
```

⑩
```
   5 9
 -   4
 ─────
   5 5
```

⑪
```
   8 4
 -   2
 ─────
   8 2
```

⑫
```
   9 8
 -   2
 ─────
   9 6
```

49 같은 자리 수끼리 빼는 게 중요해

❀ 뺄셈을 하세요.

	십	일			십	일			십	일
①	5	4		⑤	8	5		⑨	6	8
−		3		−		4		−		8
	5	1			8	1			6	0
②	4	5		⑥	6	7		⑩	9	9
−		3		−		4		−		2
	4	2			6	3			9	7
③	8	9		⑦	3	5		⑪	5	8
−		5		−		2		−		2
	8	4			3	3			5	6
④	7	8		⑧	7	8		⑫	9	7
−		3		−		7		−		3
	7	5			7	1			9	4

---

49 (교과서) 6. 덧셈과 뺄셈(3)

❀ 세로셈으로 나타내고, 뺄셈을 하세요.

① 36−4

	3	6
−		4
	3	2

 같은 자리 수끼리 줄을 맞추어 쓰고 계산해 보세요.

② 19−3

	1	9
−		3
	1	6

③ 47−5

	4	7
−		5
	4	2

④ 65−1

	6	5
−		1
	6	4

⑤ 15−4

	1	5
−		4
	1	1

⑥ 26−2

	2	6
−		2
	2	4

⑦ 38−4

	3	8
−		4
	3	4

⑧ 57−2

	5	7
−		2
	5	5

⑨ 78−4

	7	8
−		4
	7	4

⑩ 86−5

	8	6
−		5
	8	1

⑪ 69−7

	6	9
−		7
	6	2

⑫ 96−3

	9	6
−		3
	9	3

---

50 간단한 뺄셈은 가로셈으로 빠르게!

❀ 뺄셈을 하세요.

① 36−3 = 3 3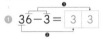

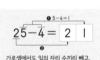
25−4 = 2 1

가로셈에서도 일의 자리 수끼리 빼고, 십의 자리 수는 그대로 자리에 맞춰 써요.

② 18−3 = 1 5
③ 27−2 = 2 5
④ 65−3 = 6 2
⑤ 46−4 = 4 2
⑥ 54−1 = 5 3

⑦ 59−5 = 5 4
⑧ 68−4 = 6 4
⑨ 97−6 = 9 1
⑩ 78−2 = 7 6
⑪ 89−7 = 8 2

---

50 (교과서) 6. 덧셈과 뺄셈(3)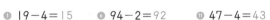

❀ 뺄셈을 하세요.

① 19−4=15
② 23−2=21
③ 39−7=32
④ 55−3=52
⑤ 68−5=63

 가로셈이 어려우면 세로셈으로 바꾸어 풀어도 좋아요.

⑥ 94−2=92
⑦ 76−3=73
⑧ 67−2=65
⑨ 89−5=84
⑩ 49−2=47

⑪ 47−4=43
⑫ 56−6=50
⑬ 78−2=76
⑭ 97−4=93

51 (몇십몇)−(몇) 집중 연습

※ 뺄셈을 하세요.

①
```
  3 4
−   2
  3 2
```

⑤
```
  4 8
−   5
  4 3
```

⑨ 59 − 6 = 53

②
```
  2 8
−   2
  2 6
```

⑥
```
  7 5
−   3
  7 2
```

⑩ 87 − 3 = 84

③
```
  6 7
−   3
  6 4
```

⑦
```
  8 4
−   4
  8 0
```

⑪ 79 − 8 = 71

④
```
  5 9
−   8
  5 1
```

⑧
```
  6 6
−   3
  6 3
```

⑫ 98 − 3 = 95

51 [교과서] 6. 덧셈과 뺄셈(3)

※ 빈칸에 알맞은 수를 써넣으세요.

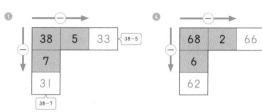

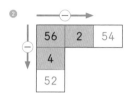

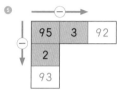

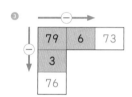

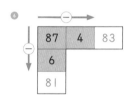

52 일의 자리 수끼리, 십의 자리 수끼리 빼자(1)

※ 뺄셈을 하세요.

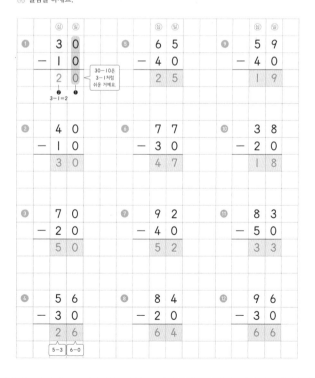

52 [교과서] 6. 덧셈과 뺄셈(3)

※ 뺄셈을 하세요.

	십	일			십	일			십	일
①	3	3	⑤		5	4	⑨		7	5
	−2	1			−1	2			−7	3
	1	2			4	2				2
②	4	7	⑥		9	6	⑩		6	9
	−1	4			−3	1			−4	6
	3	3			6	5			2	3
③	8	4	⑦		7	8	⑪		8	5
	−2	3			−2	4			−3	2
	6	1			5	4			5	3
④	4	9	⑧		6	5	⑫		9	7
	−1	7			−5	2			−5	3
	3	2			1	3			4	4

조심! 십의 자리 계산 결과가 0이 나오면 0은 쓰지 않아요.

53 일의 자리 수끼리, 십의 자리 수끼리 빼자(2)

 뺄셈을 하세요.

	십	일			십	일			십	일
❶	5	9		❺	5	8		❾	8	6
−	2	5		−	3	3		−	7	4
	3	4			2	5			1	2
❷	2	8		❻	9	6		❿	4	9
−	1	6		−	2	5		−	4	2
	1	2			7	1				7
❸	7	3		❼	6	4		⓫	9	7
−	3	2		−	3	1		−	4	7
	4	1			3	3			5	0
❹	4	8		❽	7	9		⓬	9	5
−	3	5		−	2	7		−	3	4
	1	3			5	2			6	1

 53 6. 덧셈과 뺄셈(3)

※ 세로셈으로 나타내고, 뺄셈을 하세요.

❶ 57−22
	5	7
−	2	2
	3	5

❺ 99−53
	9	9
−	5	3
	4	6

❾ 76−42
	7	6
−	4	2
	3	4

❷ 48−26
	4	8
−	2	6
	2	2

❻ 96−21
	9	6
−	2	1
	7	5

❿ 97−34
	9	7
−	3	4
	6	3

❸ 59−34
	5	9
−	3	4
	2	5

❼ 66−35
	6	6
−	3	5
	3	1

⓫ 89−32
	8	9
−	3	2
	5	7

❹ 77−23
	7	7
−	2	3
	5	4

❽ 87−14
	8	7
−	1	4
	7	3

⓬ 98−65
	9	8
−	6	5
	3	3

54 두 자리 수의 뺄셈을 가로셈으로 빠르게!

※ 뺄셈을 하세요.

❶ 37−14 = [2] [3]

55−21 = [3] [4]
일의 자리 수끼리, 십의 자리 수끼리 계산해 자릿수에 맞춰 써요.

❷ 41−20 = [2] [1]

❸ 65−32 = [3] [3]

❹ 57−30 = [2] [7]

❺ 83−31 = [5] [2]

❻ 67−25 = [4] [2]

❼ 98−24 = [7] [4]

❽ 72−52 = [2] [0]

❾ 64−40 = [2] [4]

❿ 89−53 = [3] [6]

⓫ 96−24 = [7] [2]

 54 6. 덧셈과 뺄셈(3)

※ 뺄셈을 하세요.

❶ 39−16 = 23

❷ 27−12 = 15

❸ 38−27 = 11

❹ 55−34 = 21

❺ 68−45 = 23

❻ 97−72 = 25

❼ 76−35 = 41

❽ 65−22 = 43

❾ 58−14 = 44

❿ 94−52 = 42

⓫ 87−23 = 64

⓬ 59−46 = 13

⓭ 78−43 = 35

⓮ 69−45 = 24

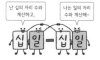

55 두 자리 수의 뺄셈 집중 연습

※ 뺄셈을 하세요.

❶
```
    5 4
  - 3 2
    2 2
```

❺
```
    4 9
  - 1 7
    3 2
```

❾ 38 − 20 = 18

❷
```
    4 5
  - 2 3
    2 2
```

❻
```
    6 7
  - 2 3
    4 4
```

❿ 98 − 45 = 53

❸
```
    6 6
  - 3 0
    3 6
```

❼
```
    8 9
  - 3 2
    5 7
```

어려운 문제는 ☆ 표시를 하고 꼭 한 번 더 푸세요.

⓫ 64 − 33 = 31

❹
```
    8 6
  - 2 4
    6 2
```

❽
```
    9 1
  - 4 1
    5 0
```

⓬ 79 − 13 = 66

---

55 교과서 6. 덧셈과 뺄셈(3)

※ 뺄셈을 하세요.

❶
```
    4 2
  - 2 1
    2 1
```

❺
```
    7 6
  - 3 2
    4 4
```

❾ 40 − 40 = 0

0은 한 번만 써요.
40 − 40 = 00 ➡ 0

❷
```
    3 4
  - 1 0
    2 4
```

❻
```
    9 8
  - 2 1
    7 7
```

❿ 55 − 24 = 31

❸
```
    6 6
  - 4 6
    2 0
```

❼
```
    7 9
  - 3 7
    4 2
```

⓫ 87 − 53 = 34

조금만 더 힘을 내요! 두 자리 수 뺄셈을 뛰어 넘어 보세요~

❹
```
    8 9
  - 1 2
    7 7
```

❽
```
    9 5
  - 7 3
    2 2
```

⓬ 68 − 16 = 52

---

56 두 자리 수의 뺄셈을 완벽하게!

※ 뺄셈을 하세요.

❶
```
    4 9
  - 3 9
    1 0
```

❺
```
    7 2
  - 4 0
    3 2
```

앗! 실수

❾
```
    8 7
  - 5 3
    3 4
```

❷
```
    5 9
  - 2 5
    3 4
```

❻
```
    8 5
  - 2 3
    6 2
```

❿
```
    7 9
  - 1 6
    6 3
```

❸
```
    8 3
  - 4 1
    4 2
```

❼
```
    6 5
  - 3 4
    3 1
```

⓫
```
    6 7
  - 2 7
    4 0
```

❹
```
    7 7
  - 2 4
    5 3
```

❽
```
    9 6
  - 4 2
    5 4
```

⓬
```
    9 8
  - 9 3
    5
```

---

56 교과서 6. 덧셈과 뺄셈(3)

※ 가운데 수에서 바깥 수를 빼서 빈 곳에 알맞은 수를 써넣으세요.

❶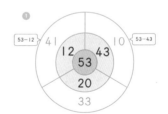
53−12, 41, 10, 53−43, 12, 43, 53, 20, 33

3개의 뺄셈식을 만들어 계산해 보세요

5 3		5 3		5 3
- 1 2		- 4 3		- 2 0
4 1		1 0		3 3

❷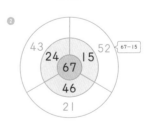
43, 24, 15, 52, 67−15, 67, 46, 21

❹
10, 35, 43, 2, 45, 12, 33

❸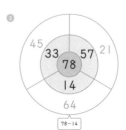
45, 33, 57, 21, 78, 14, 64, 78−14

❺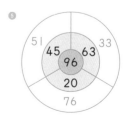
51, 45, 63, 33, 96, 20, 76

57 그림을 보고 뺄셈하기

※ 그림을 보고 뺄셈식을 쓰세요. [5개씩, 10개씩 묶음으로 세면 빠르게 셀 수 있어요.]

❶ $\boxed{18} - \boxed{16} = \boxed{2}$

❹ $26 - \boxed{12} = \boxed{14}$

❷ $27 - \boxed{11} = \boxed{16}$

❺ $\boxed{19} - 15 = \boxed{4}$

❸ $\boxed{25} - 13 = \boxed{12}$

❻ $\boxed{29} - \boxed{13} = \boxed{16}$

57 교과서 6. 덧셈과 뺄셈(3)

※ 그림을 보고 뺄셈을 하세요.

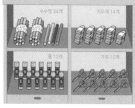

(1) 수수깡은 지우개보다 몇 개 더 많은지 뺄셈식을 쓰세요.

$\boxed{24} - \boxed{14} = \boxed{10}$

(1) 탁구공은 축구공보다 몇 개 더 많은지 뺄셈식을 쓰세요.

$\boxed{32} - \boxed{12} = \boxed{20}$

(2) 풀은 가위보다 몇 개 더 많은지 뺄셈식을 쓰세요.

$\boxed{12} - \boxed{10} = \boxed{2}$

(2) 테니스공은 야구공보다 몇 개 더 많은지 뺄셈식을 쓰세요.

$\boxed{29} - \boxed{15} = \boxed{14}$

(3) 12명이 지우개를 한 개씩 사 가면 지우개는 몇 개 남는지 뺄셈식을 쓰세요.

$\boxed{14} - \boxed{12} = \boxed{2}$

(3) 야구공을 11개 사 가면 야구공은 몇 개 남는지 뺄셈식을 쓰세요.

$\boxed{15} - \boxed{11} = \boxed{4}$

58 몇십끼리, 몇끼리 빼는 방법

※ □ 안에 알맞은 수를 써넣으세요.

❶ $47 - 25$
$= 40 - 20 + \boxed{7} - \boxed{5}$
$= 20 + \boxed{2}$
$= \boxed{22}$

❷ $58 - 17$
$= 50 - 10 + \boxed{8} - \boxed{7}$
$= 40 + \boxed{1}$
$= \boxed{41}$

❸ $69 - 24$
$= 60 - 20 + \boxed{9} - \boxed{4}$
$= 40 + \boxed{5}$
$= \boxed{45}$

❹ $78 - 42$
$= 70 - 40 + \boxed{8} - \boxed{2}$
$= 30 + \boxed{6}$
$= \boxed{36}$

❺ $59 - 36$
$= 50 - 30 + \boxed{9} - \boxed{6}$
$= \boxed{20} + \boxed{3}$
$= \boxed{23}$

❻ $73 - 22$
$= 70 - 20 + \boxed{3} - \boxed{2}$
$= \boxed{50} + \boxed{1}$
$= \boxed{51}$

❼ $85 - 22$
$= 80 - 20 + \boxed{5} - \boxed{2}$
$= \boxed{60} + \boxed{3}$
$= \boxed{63}$

58 교과서 6. 덧셈과 뺄셈(3)

※ □ 안에 알맞은 수를 써넣으세요.

❶ $65 - 13$ [두 수를 각각 몇십과 몇으로 나누어요]
$= \boxed{60} - \boxed{10} + 5 - 3$
$= \boxed{50} + 2$
$= \boxed{52}$

❷ $76 - 41$
$= \boxed{70} - \boxed{40} + 6 - 1$
$= \boxed{30} + 5$
$= \boxed{35}$

❸ $95 - 32$
$= \boxed{90} - \boxed{30} + 5 - 2$
$= \boxed{60} + 3$
$= \boxed{63}$

❹ $87 - 53$
$= \boxed{80} - \boxed{50} + 7 - 3$
$= \boxed{30} + \boxed{4}$
$= \boxed{34}$

❺ $48 - 31$
$= \boxed{40} - \boxed{30} + 8 - 1$
$= \boxed{10} + \boxed{7}$
$= \boxed{17}$

❻ $68 - 27$
$= \boxed{60} - \boxed{20} + 8 - 7$
$= \boxed{40} + \boxed{1}$
$= \boxed{41}$

❼ $98 - 44$
$= \boxed{90} - \boxed{40} + 8 - 4$
$= \boxed{50} + \boxed{4}$
$= \boxed{54}$

❽ $89 - 13$
$= \boxed{80} - \boxed{10} + 9 - 3$
$= \boxed{70} + \boxed{6}$
$= \boxed{76}$

59 몇십을 먼저 빼고, 몇을 더 빼는 방법

※ □ 안에 알맞은 수를 써넣으세요.

여러 가지 방법으로 풀다 보면
가장 풀기 편한 방법을 찾을 수 있을 거예요~

❶ 37 − 23
= 37 − 20 − ⎡3⎤
= ⎡17⎤ − 3
= ⎡14⎤

37 − 23 = 37 − 20 − 3
= 17 − 3 = 14

❷ 58 − 32
= 58 − 30 − ⎡2⎤
= ⎡28⎤ − 2
= ⎡26⎤

❺ 89 − 34
= 89 − ⎡30⎤ − 4
= ⎡59⎤ − 4
= ⎡55⎤

❸ 68 − 35
= 68 − 30 − ⎡5⎤
= ⎡38⎤ − 5
= ⎡33⎤

❻ 73 − 42
= 73 − ⎡40⎤ − 2
= ⎡33⎤ − 2
= ⎡31⎤

❹ 84 − 41
= 84 − 40 − ⎡1⎤
= ⎡44⎤ − 1
= ⎡43⎤

❼ 94 − 33
= 94 − ⎡30⎤ − 3
= ⎡64⎤ − 3
= ⎡61⎤

※ □ 안에 알맞은 수를 써넣으세요.

❶ 49 − 35 앞과 뒤를 으로 나누어요
= 49 − ⎡5⎤ − 30
= ⎡44⎤ − 30 앞을 먼저 뺀 다음!
= ⎡14⎤ 몇십을 빼요

❺ 58 − 13
= 58 − 3 − ⎡10⎤
= ⎡55⎤ − 10
= ⎡45⎤

❷ 46 − 24
= 46 − ⎡4⎤ − 20
= ⎡42⎤ − 20
= ⎡22⎤

❻ 67 − 36
= 67 − 6 − ⎡30⎤
= ⎡61⎤ − 30
= ⎡31⎤

❸ 79 − 42
= 79 − ⎡2⎤ − 40
= ⎡77⎤ − 40
= ⎡37⎤

❼ 87 − 25
= 87 − 5 − ⎡20⎤
= ⎡82⎤ − 20
= ⎡62⎤

❹ 98 − 54
= 98 − ⎡4⎤ − 50
= ⎡94⎤ − 50
= ⎡44⎤

❽ 96 − 32
= 96 − 2 − ⎡30⎤
= ⎡94⎤ − 30
= ⎡64⎤

---

60 생활 속 연산 − 뺄셈

※ 그림을 보고 □ 안에 알맞은 수를 써넣으세요.

❶
마흔여섯 / 열한

아버지 / 가은

가은이의 아버지는 마흔여섯 살,
가은이는 열한 살입니다. 가은이 아버지는
가은이보다 ⎡35⎤ 살이 더 많습니다.

❷
○○버스

버스에 27명이 타고 있습니다.
이번 정류장에서 13명이 내리면
버스에 남은 사람은 ⎡14⎤ 명입니다.

❸
〈구슬 비〉
· 트라이앵글 치기: 12명
· 노래 부르기: 남은 학생 전부

시은이네 반 학생은 모두 33명입니다.
구슬 비 노래를 부르는 학생은 ⎡21⎤ 명입니다.

※ 친구들과 운동을 하다가 공을 잃어버렸어요. 뺄셈식의 계산 결과가 적힌 길을 따라가면
잃어버린 공을 찾을 수 있어요. 바르게 길을 따라간 다음, 잃어버린 공을 찾아 ○를 하세요.

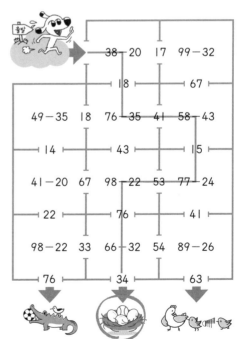

다섯째마당 통과 문제 🚀

*틀린 문제는 꼭 다시 확인하고 넘어가요!

※ □ 안에 알맞은 수를 써넣으세요.

48차시
①
$$\begin{array}{r} 3\ 8 \\ -\ \ 5 \\ \hline \boxed{3\ 3} \end{array}$$

48차시
②
$$\begin{array}{r} 7\ 5 \\ -\ \ 5 \\ \hline \boxed{7\ 0} \end{array}$$

52차시
③
$$\begin{array}{r} 4\ 6 \\ -\ 1\ 4 \\ \hline \boxed{3\ 2} \end{array}$$

52차시
④
$$\begin{array}{r} 8\ 3 \\ -\ 3\ 0 \\ \hline \boxed{5\ 3} \end{array}$$

52차시
⑤
$$\begin{array}{r} 5\ 9 \\ -\ 2\ 0 \\ \hline \boxed{3\ 9} \end{array}$$

52차시
⑥
$$\begin{array}{r} 9\ 2 \\ -\ 4\ 2 \\ \hline \boxed{5\ 0} \end{array}$$

52차시
⑦
$$\begin{array}{r} 4\ 7 \\ -\ 2\ 3 \\ \hline \boxed{2\ 4} \end{array}$$

52차시
⑧
$$\begin{array}{r} 8\ 5 \\ -\ 5\ 4 \\ \hline \boxed{3\ 1} \end{array}$$

54차시
⑨ $70 - 40 = \boxed{30}$

54차시
⑩ $65 - 44 = \boxed{21}$

54차시
⑪ $43 - 21 = \boxed{22}$

54차시
⑫ $99 - 17 = \boxed{82}$

54차시
⑬ $88 - 24 = \boxed{64}$

54차시
⑭ $77 - 43 = \boxed{34}$

60차시
⑮ 검은 돌과 흰 돌이 모두 67개 있습니다. 그중 검은 돌이 24개일 때, 흰 돌은 $\boxed{43}$ 개입니다.

교과서 연산 1-2 훈련 끝!
다음 학년으로 가 보자고~

바빠 시리즈 초·중등 수학 교재 한눈에 보기

유아~취학 전	1학년	2학년	3학년

7살 첫 수학

초등 입학 준비 첫 수학

① 100까지의 수
② 20까지 수의 덧셈 뺄셈
③ 100까지 수의 덧셈 뺄셈
★ 시계와 달력
★ 동전과 지폐 세기
★ 길이와 무게 재기

바빠 교과서 연산 | 학교 진도 맞춤 연산

▶ 가장 쉬운 교과 연계용 수학책
▶ 수학 학원 원장님들의 연산 꿀팁 수록!
▶ 한 학기에 필요한 연산만 모아 계산 속도가 빨라진다.

1~6학년 학기별 각 1권 | 전 12권

나 혼자 푼다! 바빠 수학 문장제 | 학교 시험 문장제, 서술형 완벽 대비

▶ 빈칸을 채우면 풀이와 답 완성!
▶ 교과서 대표 유형 집중 훈련
▶ 대화식 도움말이 담겨 있어, 혼자 공부하기 좋은 책

1~6학년 학기별 각 1권 | 전 12권

베스트셀러

구구단, 시계와 시간   길이와 시간 계산, 곱셈

바빠 연산법 | 10일에 완성하는 영역별 연산 총정리

▶ 결손 보강용 영역별 연산 책
▶ 취약한 연산만 집중 훈련
▶ 시간이 절약되는 똑똑한 훈련법!

예비초~6학년 영역별 | 전 26권

4학년	5학년	6학년	중학생

바빠 중학연산

1학기 수학 기초 완성

1~3학년
각 2권
(전 6권)

*교과서 순서와 똑같아 공부하기 좋아요!

바빠 중학도형

2학기 수학 기초 완성

1~3학년
각 1권
(전 3권)

학년별 인기 도서

나눗셈, 분수, 소수, 방정식　　약수와 배수, 분수, 소수　　비와 비례, 방정식

바빠 중학수학 총정리

고등수학에서 필요한 것만 콕!

수학 총정리
BEST 1위

중학
3개년
총정리
(전 1권)

※ '바빠 초등 수학 총정리'와 '바빠 중학 일차방정식', '바빠 중학 일차함수', '바빠 중학도형 총정리'도 있어요!

MEMO

이번 학기 공부 습관을 만드는 첫 연산 책!

바빠 교과서 연산 1-2

교과서 연산으로
이번 학기 연산도
끝!

알찬 교육 정보도 만나고 출판사 이벤트에도 참여하세요!

바빠 공부단 카페	인스타그램	카카오톡 채널
cafe.naver.com/easyispub	@easys_edu	이지스에듀 검색!
'바빠 공부단' 카페에서 함께 공부해요! 수학, 영어 담당 바빠쌤의 지도를 받을 수 있어요.	바빠 시리즈 출간 소식과 출판사 이벤트, 교육 정보를 제일 먼저 알려 드려요!	

영역별 연산책 바빠 연산법
방학 때나 학습 결손이 생겼을 때~

· 바쁜 1·2학년을 위한 빠른 **덧셈**
· 바쁜 1·2학년을 위한 빠른 **뺄셈**
· 바쁜 초등학생을 위한 빠른 **구구단**
· 바쁜 초등학생을 위한
　빠른 **시계와 시간**

· 바쁜 초등학생을 위한
　빠른 **길이와 시간 계산**
· 바쁜 3·4학년을 위한 빠른 **덧셈/뺄셈**
· 바쁜 3·4학년을 위한 빠른 **곱셈**
· 바쁜 3·4학년을 위한 빠른 **나눗셈**
· 바쁜 3·4학년을 위한 빠른 **분수**
· 바쁜 3·4학년을 위한 빠른 **소수**
· 바쁜 3·4학년을 위한 빠른 **방정식**

· 바쁜 5·6학년을 위한 빠른 **곱셈**
· 바쁜 5·6학년을 위한 빠른 **나눗셈**
· 바쁜 5·6학년을 위한 빠른 **분수**
· 바쁜 5·6학년을 위한 빠른 **소수**
· 바쁜 5·6학년을 위한 빠른 **방정식**
· 바쁜 초등학생을 위한 빠른
　**약수와 배수, 평면도형 계산,
　입체도형 계산, 자연수의 혼합 계산,
　분수와 소수의 혼합 계산, 비와 비례,
　확률과 통계**

바빠 국어/ 급수한자
초등 교과서 필수 어휘와 문해력 완성!

· 바쁜 초등학생을 위한 빠른 **맞춤법 1**
· 바쁜 초등학생을 위한
　빠른 **급수한자 8급**
· 바쁜 초등학생을 위한 빠른 **독해 1, 2**

· 바쁜 초등학생을 위한 빠른 **독해 3, 4**
· 바쁜 초등학생을 위한 빠른 **맞춤법 2**
· 바쁜 초등학생을 위한
　빠른 **급수한자 7급 1, 2**

· 바쁜 초등학생을 위한
　빠른 **급수한자 6급 1, 2, 3**
· 보일락 말락~ 바빠 **급수한자판**
　+ 6·7·8급 모의시험

· 바빠 급수 시험과 어휘력 잡는
　초등 **한자 총정리**
· 바쁜 초등학생을 위한 빠른 **독해 5, 6**

재미있게 읽다 보면
나도 모르게
교과 지식까지 쑥쑥!

바빠 영어
우리 집, 방학 특강 교재로 인기 최고!

· 바쁜 초등학생을 위한 빠른 **알파벳 쓰기**
· 바쁜 초등학생을 위한
　빠른 **영단어 스타터 1, 2**
· 바쁜 초등학생을 위한
　빠른 **사이트 워드 1, 2**
· 바쁜 초등학생을 위한 빠른 **파닉스 1, 2**

· 전 세계 어린이들이 가장 많이 읽는
　영어동화 100편 : 명작/과학/위인동화
· 짝 단어로 끝내는 바빠 **초등 영단어**
　— 3·4학년용
· 바쁜 3·4학년을 위한 빠른 **영문법 1, 2**
· 바빠 초등 **필수 영단어**
· 바빠 초등 **필수 영단어 트레이닝**
· 바빠 초등 **영어 교과서 필수 표현**
· 바빠 초등 **영어 일기 쓰기**

· 짝 단어로 끝내는 바빠 **초등 영단어**
　— 5·6학년용
· 바빠 초등 **영문법 — 5·6학년용 1, 2, 3**
· 바빠 초등 **영어시제 특강 — 5·6학년용**
· 바쁜 5·6학년을 위한 빠른 **영작문**
· 바빠 초등 하루 5문장 **영어 글쓰기 1, 2**

10일에 완성하는 영역별 연산 총정리!

바빠 연산법 (전 26권)

바빠

예비 1학년

덧셈

뺄셈

취약한 연산만 빠르게 보강!

바빠 연산법 시리즈

각 권 9,000~12,000원

• 시간이 절약되는 똑똑한 훈련법!

• 계산이 빨라지는 명강사들의 꿀팁이 가득!

1·2학년

덧셈

뺄셈

구구단

시계와 시간

길이와 시간 계산

3·4학년

덧셈   뺄셈   곱셈

나눗셈

분수

소수   방정식

5·6학년

곱셈

나눗셈

분수

소수

방정식

※ 약수와 배수, 자연수의 혼합 계산, 분수와 소수의 혼합 계산, 평면도형 계산, 입체도형 계산, 비와 비례, 확률과 통계 편도 출간!

같은 영역끼리 모아 연습하면 개념을 스스로 이해하고 정리할 수 있습니다!

－초등 교과서 집필진, 김진호 교수